炭空

朱健炫 著

追尋記憶深處的煤鄉

神啊，祢曾試驗我們，熬煉我們，如熬煉銀子一樣。
祢使我們進入網羅，把重擔放在我們的身上。
祢使人坐車軋我們的頭；
我們經過水火，祢卻使我們到豐富之地。

——《詩篇》第六十六篇十至十二節

【出版緣起】

以書寫勾繪臺灣臉顏

國家文化藝術基金會董事長 林淇瀁（向陽）

二〇一八年十一月七日，國藝會正式公告第一屆「臺灣書寫專案」徵件，在眾多申請案中，計有四件作品脫穎而出，朱健炫這本《炭空：追尋記憶深處的煤鄉》就是其中受到期待的一本。當時他以「重返血汗現場 尋訪《礦工謳歌》書中人物，追憶臺灣煤業的心聲淚痕」為計畫名稱獲得補助，經過兩年半的執行，一年多的文稿修整，終於付梓，成為臺灣書寫專案呈現給國人的第一部成果。朱健炫早在一九八〇年代初就開始以影像留存臺灣礦業發展和礦工圖像，在《炭空》中，他以這些影像為線索，重訪當年礦區工人與居民，透過訪談和受訪者的回憶，再現臺灣礦業環境下特有的生活與工作，省思時代的創傷，相當彌足珍貴；作為臺灣書寫專案的第一本書，尤其意義深遠。

臺灣書寫專案源起於國藝會第八屆董事鄭邦鎮教授的倡議，於二〇一八年由前任董事長林曼麗教授促成。這個專案係在國藝會既有的文學補助政策之上，擴充關照面向，鼓勵作家以臺灣觀點為本，透過書寫，深入臺灣這塊土地，從歷史、環境、族群、生活與文化切入，進行密集訪談、深度報導，並藉由具有普世價值的議題，與世界對話。專案推出前歷經一年擘劃、專家諮詢、資源盤點，確立了從創作、出版到推廣的完善機制，並獲得馥誠國際有限公司、金格企業有限公司支持，每年贊助專案一百萬元，為企業挹注資源贊襄藝文發展樹立了典模。

根據補助辦法，臺灣書寫專案的宗旨是「鼓勵以非虛構（non-fiction）性質書寫，關照臺灣現實面向，傳達人文關懷，重塑歷史記憶，挖掘時代精神。並期待透過藝術文化的書寫實踐，彰顯當代議題，促進社會轉型發展，開拓時代的新思維與方向。」所謂「非虛構」原是美國從一九六〇年代興起的「新新聞」（New Journalism）寫作手法，指的是新聞記者借用文學技巧強化新聞呈現方式，創造與一般新聞報導不同的敘事風格。此一寫作方法後來廣受歡迎與使用，只要是報導事實，而非以小說（fiction）的虛構進行的書寫，舉凡舊有的報導文學、民族誌、深度調查、訪談口述、歷史書寫……等，都可稱為「非虛構寫作」，跨越的領域更加繁複、書寫的技巧也更加多樣，而作家能發揮的空間自然也更加寬廣。

非虛構寫作在臺灣，最早可推到一九三〇年代，當年小說家楊逵倡議「報告文學」並於一九三五年發表〈臺灣地震災區勘查慰問記〉，紹啟臺灣報導文學的先河。近百年來，臺灣報導文學在眾多作家、記者和不同領域的專業工作者的努力下，曾經開出一片繁花勝景；二〇〇〇年之後，除了作家、記者之外，有更多不同領域的專家投入，以報導紀實為本的書寫因而漸為「非虛構寫作」所取代，但兩者關注社會、關懷土地、重塑記憶的精神則是一致的。

正是在這樣的脈絡下，國藝會臺灣書寫專案延續且擴大了報導文學的發展面向，也將臺灣書寫從原有的文學、新聞寫作擴大到歷史敘事、口述訪談與民族誌，而能鼓勵不同領域的專業人士及團隊加入為臺灣書寫的行列，勾繪臺灣的臉顏，關切臺灣的現實。作為長期關注臺灣報導文學及文學傳播生態的研究者，我樂見臺灣書寫朝向如此開闊的面向發展；我也期願，國藝會同仁為臺灣藝術文化前景所做的努力，能夠為我們的國家與社會帶來更多的文化實力，展現臺灣文化與藝術的豐富與多元，衷心期盼更多民間力量和企業與我們並肩，一起來推動臺灣藝文傳播的普及化，進而讓臺灣邁向世界舞台。

目次

推薦序——感動昇華之後

吳念真

二〇一八年朱健炫先生出版了《礦工謳歌》這本攝影集，這是他在一九八〇年代之前，那個煤礦依然存在的歲月裡，走過臺灣許多煤鄉，用鏡頭記錄下一個個煤礦礦工動人的影像，和那背後訴說不盡的血汗心聲。

《礦工謳歌》出版後，給我了很深刻的感受，我曾在FB上寫下：

裡頭每一張影像對我來說，都是生命的印記，是記憶的召喚，是極深沉的緬懷。

嚴格說，這是一種用感動去昇華另一種感動的影像創作，是用自己的生命去拍攝許多人的生命故事；幀幀都是汗與淚的攪合，幅幅皆為血與靈的重現！

二〇一九年，朱健炫先生獲得國家文藝基金會「臺灣書寫專案」的補助，他再度回到荒廢的礦區進行田調，試圖把《礦工謳歌》攝影集中的人物尋出以作專訪，進行「口述歷史」的志業！其中有搏命於第一線掘進、採煤礦工等生死交戰的茹苦旅路，也有堅韌耐勞女性礦工的辛酸心聲，更有原民礦工自原鄉漂泊至煤鄉的血淚行腳！他們忍受著艱苦的試煉，只為找尋那一絲絲遙遙無期的願景。

如今計畫完成並集冊出版；書中每篇訪談都是一個個椎心瀝血的故事，值得大家用心去品嘗和省思。

二〇二三 孟春

推薦序——另一種歷史的寫法

陳方中 輔仁大學文學院院長

我在輔仁大學歷史系任教，但是並不是輔仁大學畢業的。朱健炫學長年紀比我大一輪，是輔仁大學歷史系畢業的。論資排輩或是講起師承淵源，其實我擔當不起為這本書寫序，但我看了這本《炭空：追尋記憶深處的煤鄉》沉重、寫實但又悲天憫人的內容，卻感覺有必要為這本既是文學也是歷史的大著，寫一點感想。

這本書可說是朱學長《礦工謳歌》的續篇，也是文字及內容上更深入的大著。如前著《礦工謳歌》的說明，當時朱學長在一九八三至一九八八年間走訪了猴硐瑞三煤礦、土城海山煤礦、菁桐臺陽煤礦、瑞芳建基煤礦等四大煤礦場，以一張張底片記錄了礦工的生活樣貌，並從中選出一百六十張，組成了令人動容的照片集。當然這些照片附有文字說明，但閱讀者在震撼於畫面的張力之餘，讀者如我會想知道更多故事。

《礦工謳歌》出版後大受矚目，一定有不少人鼓勵朱學長繼續說更完整的故事，朱學長遂在二〇一九年向「國家文化藝術基金會」申請「重返血汗現場尋訪《礦工謳歌》書中人物，追憶臺灣煤業的心聲痕淚」計畫。在這計畫中朱學長除了整理過去的資料，並在三十年後以近七十高齡，繼續走訪當年的這些礦場。現在在網路上可以看到這個計畫的結案報告。

我和朱學長一樣都是學歷史的人，這本書旁徵博引，首先以掌故式的方式，滿足了歷史類讀者想要知道的臺灣北部煤礦場的許多故事原委。除了原來的四大礦場，讀者可以發現朱學長當年其實還去了新竹尖石及瑞芳深澳等存在時間較短的煤礦場。其次，這本書圖文並茂，除了過去的圖片，新加的大量說明文字外，還有許多礦場的平面圖、地層圖及這次新的被訪談者的照片。以這些當年的煤礦場為根柢，在重新探查採訪的過程，這本書呈現出了新的故事。在此意義上，這本書不是《礦工謳歌》的補充及延續，實際上是一本新的書，歷史的時間從一九八八年延伸到二〇二〇年。我們看到的不只是一九八〇年代的礦工身影，更是他們的延續、衰老或是消逝。也是他們下一代持續奮鬥，努力在這一塊並不友善的土地上，努力融入或是尋找自己的容身之處。

在本書中最觸及我心底的是原住民及女性的訪談。礦工已經身處於社會的底層，其中原住民礦工的地位更低於本地人礦工。本地人在礦場結束後，比較容易在原有的社會體系中找到出路，但大量的原住民礦工則相對有更多的困乏與無助。然後書中還揭露了女礦工的短暫存在，與男礦工相比，她們又是更弱勢的一群，也很快地因工作環境的問題被剝奪了工作的機會。在那個生存重於生活的時代，這些曾經的女礦工還是在礦場的周邊設法以各種方式生存下來。

讀過這本書，讀者可以發現這本書的筆調帶著一定程度的憐憫與同情，訪談者與被訪談者站在同一邊，這應該是朱學長的一貫態度。我們歷史的寫作通常是冷冷的，帶著一定程度旁觀的，希望客觀的態度。雖然朱學長有清楚的立場，但我覺得這其實是另一種歷史的寫法，作者清楚地呈現出他的態度，讓另一種客觀呈現出來。朱學長其實並不諱言他沒有真正進入過地底的礦坑，他對於自己的恐懼誠實的面對，這是真實的呈現自己，也是歷史學者的最高境界。

我是天主教徒，在我們新北市泰山的教堂中，也有不少從花東來的教友。我們在同一個信仰中和樂的聚會，但我沒有太多勇氣去面對他／她們的辛苦。朱學長在這本書中呈現了他／她們，也參與了他／她們。這是我欽佩朱學長之處，也是我願意介紹這本書的原因。

推薦序——記憶，在煤塵抹去了之後

戴伯芬 輔仁大學社會系教授

健忘的臺灣社會，在交通不便的一九八〇年代，朱健炫老師花了十餘年時間，進出北臺的基隆、瑞芳、平溪、土城、三峽、新竹尖石礦場，為臺灣礦業留下了最後千張珍貴的黑白影像紀錄。

初次看到《礦工謳歌》封面的阿美族礦工陳政治，被震懾到了，他和阿公同在土城海山煤礦工作。滿面煤灰的瀟灑黑人，頭戴工地帽，將外套披在肩上，轉身回眸一笑，是真正在現場工作者的日常。和阿嬤客廳掛的阿公相片對比，形象完全不同。我沒見過阿公，聽說他在母親小學時就死於礦災，家中只遺留下這張照片。原來礦工走了，才恢復人真正的面貌。

四十餘年後，朱老師的黑髮已轉斑白，再次造訪這些曾被他拍攝的礦村人物，不少人早已離世。封面人物陳政治當了教會長老，執著於傳教。相思木柴埕上吃便當的三位女工離開了礦場，當初可都是洗煤場俐落的工人，在透光的整煤廠「翻猴」中揀出黑金。現在都已晉升為阿嬤階級！手上抱著的嬰孩、工寮跑跳的孩童，早已成人，為人父母。照片喚醒了思念，回到過去曾經貌美如花的青春歲月、無憂無慮的童年時光。

如果沒有礦工胼手胝足的努力，促成戰後水力轉向火力發電的能源轉型，成就不了臺灣八〇年代的經濟奇蹟。一九八四年三大礦災之後，工寮被怪手拆除，原住民礦工沿大漢溪河岸尋找棲身之處，離散聚合成三鶯、南靖、崁津、溪州部落，更多次面臨國家暴力的迫遷，流落於都市邊緣角落。

當失憶成為臺灣社會的通病，總有人捨不得遺忘，影像凍結了礦場年代的勞動者身影，喚起了眾人記憶，連結了煤與非煤世代間的斷裂，雖生死兩茫茫，但不致無處話淒涼。

推薦序——最感動人心的礦業紀實

王新衡 雲林科技大學文化資產系副教授

朱健炫老師早期拍攝許多煤礦聚落的攝影作品，當前已成為十分重要的檔案文件，記載著臺灣最輝煌的煤礦產業歷史，以及曾經發生的礦村社會。至今很難想像在過去交通不甚發達的年代，朱老師遠赴荒郊野外的礦場所需花費的時間，加上惡劣環境下如何長時間待在礦坑口、軌道旁、聚落裡、廢石堆中，還能精準地拍攝出精彩的攝影作品。近年朱老師更是從昔日的攝影作品裡找回過去的身影與人性的光輝，長期地探究礦災真相與福利。以下為朱老師半世紀以來礦業紀實的主要成就。

1. 礦場攝影詮釋的典範性

礦場是極度混亂且充滿危機的工作場域，相較於其他拍攝地點，要能在礦工們快速移動的瞬間，快手地拍出理想的作品十分不易。過去朱老師以構圖與光線呈現當下最接近真實的影像，現在則以求真的田野踏查與口述歷史，建構了朱老師礦業圖像與文字紀實典範性之意義。

2. 具煤礦產業系統性價值的論述

因為工業遺產的工序系統性特徵是整體意義的核心，但是一般人來到分工複雜的礦場實在難以理解生產線與各自分工，朱老師的攝影作品與近年的調查研究，不僅系統性記錄礦場的生產工序，還詳實拍攝了許多礦場機具設備。昔日的礦場紀錄早已跳脫求美的效果，而是確實記錄煤礦產業的系列性作業，讓後世得以從技術科學與產業經濟的角度深度探究。

3. 抓得住礦工的精神與價值

朱老師十分擅長拍攝人物，不論是作業時的動態展現，還是靜態時的情感與意境，皆可感受到礦工當下的氣息。就算是礦工叼著菸，也可從裊裊煙縷中感到些許哀愁；即便是全身炭渣黑汙，仍可從雪白牙齒與炯炯有神的雙眼呈現人物特寫的高張力，具有人物與礦場雙重影像紀錄呈現之價值。近年朱老師則是致力於詮釋過去在礦場所拍攝的作品，以人本價值的思維彰顯出影像中每位礦工為社會貢獻的價值。

4. 礦村烏托邦敘事性的彰顯

原住民礦工與礦村的小孩是朱老師最常拍攝的對象，也是礦場裡最需要被關懷的族群，透過影像見證了過去原住民離開部落來到礦場的歷史，追溯長大後的礦村孩童並回顧昔日歷史，亦是朱老師近年的重要志業。這次朱老師的大作可透過照片中些微細節理解到原住民將部落的文化如何帶來礦村；透過父子牽手下班回家，可深刻感受到家族親情不可分割；廣場上鄰里開心享用大鍋飯，彰顯了同僚夥伴互助的友情。朱老師的礦業攝影是能講故事的照片，字裡行間具有敘事性意義，更見證了礦村多元民族文化與烏托邦祥和社會曾經的存在。

社會大眾並不是要去研究煤礦才需要欣賞朱老師的礦業攝影與歷史調查，而是可透過礦工與其後代的故事看到人們勤奮工作的認真、不畏艱難與危險的冒險、愛人愛物的慈悲與感性、礦村多元文化交融的精彩，朱老師的礦業攝影與歷史詮釋，不僅代表了公眾史學，也緊密扣合了礦工的個人與家族史。豐富且精彩的礦業故事勢必可賦予後世勇敢走下去的驅動力，絕對是值得反覆品味的曠世巨作。

自序

炭空，即是臺灣話的「礦坑」，臺語發音：thuànn-khang，又寫成「炭孔」。基本上「空」「孔」同義，但此處用「空」字而非「孔」字，乃因「空」為「穴」「工」合體，有「工作於洞穴中之意」，故採之。

煤業是臺灣近代化、經濟發展、能源自主及穩定社會持續向前的主要產業。但是臺灣社會普遍輕視煤礦的歷史，也讓煤礦的記憶逐漸消逝！為記錄臺灣最重要的近代產業，筆者期待以自身的攝影作品，藉由探究被攝人物以勾勒臺灣煤業歷史，並從中連結至臺灣煤業時期與後採礦時期的社會書寫。

本書書寫緣由，始於二〇一七年十一月的公視「獨立特派員」節目。該節目製作人員透過中央通訊社一則拙作《礦工謳歌》出版的新聞報導，獲知《礦工謳歌》這本書，並輾轉聯繫上筆者。爾後，該節目的李瓊月與周明文兩位記者聯袂來訪，並提出一個專訪的企劃案——「黑面地下英雄」。希望筆者陪同他們再回原初入鏡的礦場，試圖找尋曾出現於書中的人物並進行採訪，並就昔日（二十世紀八〇至九〇年代）拍攝的時空背景，請筆者敘說當時的工作情況與感想。

由於事出突然，且錄影工作時間僅有短短一星期，筆者馬不停蹄地重回幾處已成廢墟的遺址，並在周邊村里尋找或許已離散多年的諸多書中人物。一來攝製時程著實太過緊迫，再則時隔經年，難免遇到書中人物謝世、遷居他方或年事已高等無法受訪的無奈景況。

面對如此艱困的條件，最終在眾人的協助之下，尋獲了近十位的「影中人」，且做了成功的訪談。節目播出時，礦業界、文史界及攝影界的友人均十分振奮，一片叫好！

節目播出後經過很長時間仍迴響不斷，無數朋友相聚時，每談及此，無不感觸良多。咸認應將訪談面更加擴大並深入，應該讓書中的每位勇士都能一一再出江湖，透過縝密的口述歷史方式，讓從前的一切重演；要讓往昔嘗盡千萬艱辛，淌過無數血汗的煤業史蹟不被遺忘。也期望這個曾為臺灣的經濟和工業帶來繁榮與富裕，但現今已遭廢棄的基礎產業，能換種方式再度發光發熱。即便時至今日，臺灣的煤礦已不再開挖，但可用文化遺產甚至文化資產的概念，令各處的煤礦廢墟得以重建復原，進而成為供後人憑弔和觀光遊憩的據點。

是以在許多礦業耆老、文史工作朋友及攝影界同好們的支持和鼓勵下，筆者決定延續公視「獨立特派員」猶未完成的尋訪初衷，以《礦工謳歌》這本由珍貴照片彙集成冊的攝影專輯作為基點，計畫更全面性地找出當年書中的男、女礦工，特別是居於弱勢、具原住民身分者，還有那群現在已經長大成人甚至步入中年的礦場小朋友，一一尋訪，用誠實的態度，專業的訪談方法，配合影音以製作「口述歷史」存證。畢竟書裡影像中的人、地、物，已不僅是文化財的一部分，更是全民的共同資產。

身為一個攝影者以及文史工作者，筆者不僅有責讓真實影像作為歷史的見證，更有責透過影中人的親口敘述，使情境再回到從前，讓事件一切重演，要令所有辛勤採擷來的史實成為一頁頁的文化資產。

那麼過去的歷史如何重現？要重現哪部分？又為什麼要重現？

這些問題一直在筆者的腦海中縈繞不去……

由於《礦工謳歌》書中記錄的，幾近二分之一都是原住民礦工和他們孩子的影像，致使筆者幾十年來對原住民移工在異鄉乃至城市的居住正義與工作權，始終耿耿在心、難以釋懷，並進而想深入瞭解：當年歷經礦場生活的那些小孩，在有別於礦場外孩童的成長過程下，對他們的求學以至日後就業有何影響？此外，礦場生涯對於礦工而言，至今是否仍是揮之不去的陰影？還是無所謂的坦然以對？筆者始終關心的廢棄礦坑重建（或可視為另一觀點的「廢物」利用）以作為文化遺產或觀光據點，這些對於曾經生活起居在其間的他們，其觀點又是如何？

二〇一九年，國家文藝基金會設立「臺灣書寫專案」補助徵件，圖文類的名額僅只兩名。筆者即以前述構思為主軸進行提案，在五十餘位競爭者中脫穎而出，榮獲國藝會獎助，得以讓計畫付諸實行。同年與國藝會簽約後，立即展開一連串的田調與訪談作業。

對於廢棄礦區的田調，主要走訪以下地點：

海山煤礦（新北市土城區永寧）
新平溪煤礦（新北市平溪區十分）
重光煤礦（新北市平溪區東勢格）
台和煤礦（新北市平溪區紫來）
建基煤礦（新北市瑞芳區深澳）
臺陽菁桐煤礦（新北市平溪區菁桐）
瑞三煤礦（新北市瑞芳區猴硐）
新竹煤礦（新竹縣尖石鄉那羅）
田美煤礦（苗栗縣南庄鄉獅山）

計畫執行期間，竭盡心力與資源，共尋得《礦工謳歌》書中主要人士計十三名，並進行詳盡訪談記錄，其中有出身海山煤礦的陳政治、阮紹強、黃文隆、林永妹、林賢妹；出身建基煤礦的方金德、林有忠；瑞三煤礦的周朝南；新平溪煤礦的吳美霞；台和煤礦的謝連生；臺陽菁桐煤礦的王孝敦、倪連好；新竹煤礦的劉清金。而訪談之其他相關礦工達七十五位，均有錄影錄音留存。

二〇二一年底，國藝會媒合時報出版為本計畫之合作夥伴，全書委由時報出版發行出版。

歷經兩年半深入山間偏鄉的田調和訪談，其中之艱難與辛苦無以言喻。如今在品嘗甜美的果實之餘，牢記在心的，是不應忘記一路走來許多貴人的協助與支援，無論那是有形或無形的。

首先，要感謝國家文化藝術基金會評審委員們獨具慧眼，給予筆者的肯定，使筆者能在資源無缺之下，得以完成此項計畫。更感謝承辦的王慈憶小姐，協助筆者在行政協調上的支助。

感謝時報出版社的胡金倫總編輯願意拔刀相助，出資出力替筆者出這本書，以及主編何秉修的策劃並提供諸多寶貴意見，謹此致意。

感謝吳念真大導演百忙中接受筆者專訪並給予鼓勵，甚至跨刀撰序推薦！

感謝母校輔仁大學文學院院長陳方中教授和前歷史系主任陳識仁教授，在史學方法研究上諸多的斧正與援助。

感謝摯友雲林科技大學文資系王新衡副教授，自始至終他都從旁協助校正文稿並提供文資資訊。

感謝網路部落格「放羊的狼」版主張偉郎博士，幫忙收集且提供不少史料及照片，使本作更形出色。

感謝輔仁大學社會系戴伯芬教授於田調上的諸多協助。她素來關心失職後礦工（尤其女礦工）及其家屬之生活，並總為其權益請命，令人敬佩。

感謝國寶級老朋友、前海山煤礦礦業所副所長賴克富先生，前行政主任羅隆盛先生，以及猴硐礦工文史館創辦人周朝南兄的諸多煤業知識指導和專有名稱提供，且支援數幀珍貴照片以強化本書內容，予筆者的協助良多，在此一一謝過。

感謝新平溪礦業博物園區的龔俊逸董事長，每在關鍵時刻常鼎力相助，你是好兄弟，更是非常重要的貴人，感謝你！

感謝田調訪談團隊：羅隆盛（土城、海山），朱金妹（深澳、建基、阿美家園），楊錦聰（菁桐、平溪），林賢妹（三峽、頂埔、三鶯），林文清、周朝南（瑞芳、猴硐），吳金池（十分、紫來、東勢格、火燒寮）。大家無私地貢獻己力，義務幫筆者尋找受訪者且提供當地的煤業生態景況，是本計畫能夠完成的最大助力！

感謝筆者兩位學生助理：輔大中文系的郭玫淑、耕莘專校幼保科的彭妍晞，她們陪同深入偏鄉礦區訪談，協助整理資料及處理逐字稿，備極艱辛！本計畫的成功，兩位功不可沒。

再來更要感謝內人林鳳姿，在背後默默地支持和鼓勵，讓筆者能夠風雨無阻地到各礦區田調和訪談，毫無後顧之憂。感謝妳，我愛妳。

最後，感謝萬能的主，一切的榮耀歸於祢；也感謝大家的愛護。

二〇二二年十月 朱健炫 謹識

第一部分

在坑底，命是土地公的

男性礦工坑裡坑外的人生遭遇和體認
恰反映出臺灣經濟長期發展至今
最底層的礦業社會脈絡與軌跡

01 海山礦工的歷劫與重生

二〇一九年二月，一通電話開啟塵封記憶。電話那頭的人，名叫陳政治，阿美族名Bi-Lai，三十五年前因緣際會，甫出礦坑的他偶一轉身，儘管面目黧黑，但面對鏡頭展現的爽朗笑靨令人動容，遂將豪邁而粗獷的身影收攝於底片，其影像亦隨之征戰無數攝影比賽，並成為前作《礦工謳歌》封面主角。多年來音信杳然，但透過多人輾轉聯繫，我們終於找到了彼此。

「你還能看到我，這是你的運氣好……」電話那頭傳來感傷卻又豪邁的回答。

「你知道嗎？」他說。「海山出事的那天，我在裡面！」

簡短一句話，令人心頭猛地揪緊。

「那天我們四個兄弟入坑，結果……」電話裡他停頓許久，而後語帶哽咽緩緩吐出：「只出來兩個。」

聞其言，時空瞬間凍結，電話這頭恍若失語，不知如何接話。

《礦工謳歌》的封面人物陳政治，經歷海山礦災、痛失手足的他，在宗教信仰裡找到身心安頓之道，如今是教會長老。
（朱健炫攝，左 2019，右 1984）

「喂？喂？」發現沒人答腔，他疑惑地喚著。

「我在聽。」緊接心存僥倖又不安問道：「是……親兄弟嗎？」

「是啊。」

陣陣寒意突地沿背脊上竄，哆嗦中，不禁愴然！

海山，新「原鄉」

一九八四年六月，土城海山煤礦災變吞噬了七十四條人命，每條人命的背後，代表著一個個家庭的毀碎，而其中半數以上是阿美族人家庭！

礦災在諸多海山人心中留下一道深深的陰影，海山礦人，從最高管理層到最底階的員工，特別是遠離花東家園移居土城、三峽的阿美族罹難者遺屬，每碰觸此話題，更是難抑身心的煎熬和悲戚。縱然已過去三十多年，許多久寡的阿嬤每思念故人，仍無法忍住奪眶淚水，難以自抑！

陳政治的兩位哥哥，也在這次事故中遇難。

二〇一九年二月，一個霪雨霏霏的週日，陳政治在桃園大溪「撒烏瓦知部落」的「牧人教會」，娓娓訴說著塵封往事……

一九六〇年代，每逢溽夏，土城的海山跟深澳的建基兩座煤礦場總面臨季節性缺工，海山缺工原因是平地人受不了坑底酷熱，都選擇去打零工；而建基逢五至十月，平地礦工都跑船

當時負責庶務跟炭務的前海山煤礦辦公室主任羅隆盛。（朱健炫攝，2020，土城海山煤礦）

去了，因此礦主李家便遠赴花東原鄉招募人手。在礦工優厚工資的吸引下，當時陳政治的父母遂帶著全家人，跟隨其他族人揮別了台東鹿野瑞和家園，搬到土城住進工寮，開始投入煤業生產的行列。

為安頓這些自花東大量招募來的阿美族工人及其家屬，礦方特地在場區內蓋了工寮。當時負責庶務跟炭務的前海山煤礦辦公室主任羅隆盛如此描述：「先是在選煤場右後方斜坡的最上面蓋了木造屋約五、六棟，讓原住民住，平地人都叫它『番仔寮』……後來，搬進來的阿美族人越來越多，公司就在下面又蓋了一整排磚造的工寮，就是人稱的『十三棟』。」那是一整排磚造建築，共十三間，因此大家習稱十三棟。而隨著阿美族員工急速增長，後來礦方更在十三棟旁加蓋了四排工寮，稱作「四座寮」。而陳政治一家，就住在首建的「番仔寮」。

一整排共計十三間的磚造工寮，人們慣習以「十三棟」稱之。
（朱健炫攝，1983）

初建供原住民礦工住宿的木造工寮，平地人稱「番仔寮」。
（朱健炫攝，1983）

地底下搏命討生活

一九六九年來海山，陳政治十三歲。四年後，他也隨著家人進坑，並體會了坑內猶如煉獄般的艱苦工作。

「真正進坑是十七歲，那時候規定十七歲才可以工作。」或是耳濡目染，或是生活逼著成長，他說連練習都不必，「一進去就挖了！」

從一九七四年入坑至一九八九年海山熄燈，陳政治斷斷續續在海山也經歷了十六年。他說坑裡工作真的很辛苦，又熱又危險：「人才到坑底就開始流汗，很難受……」由於很熱，所以「我們挖煤炭的，上衣都不穿的。」那如果到了習稱「烏龜尾」的坑道盡頭，豈不是都要脫光光？他說：「除非是推車的。採煤礦的，不可能脫光光的……坑洞那麼窄，人都要躺著挖了，地面那麼粗糙，光著身體很容易磨傷！」*

炙熱如煉獄的坑底，一直是礦工的夢魘！儘管空壓機不斷把風送進去，且按規定坑內溫度不得超過攝氏三十二度，但實際體感溫度恐怕都超過四十度。所以大家水都喝得很兇。礦工下工後，首先到坑木場挑選適合的坑木，那是用做支撐坑道防止崩塌，是保命用的；接著再到維修場磨銳機具，以便明天工作順利進行；最後再到茶水間裝滿熱水，等一夜放涼後，隔日攜至坑內飲用。

酷熱不僅是礦工難耐的天敵，不時發生的落磐、瓦斯氣爆、坑道火災、一氧化碳中毒、坑道灌水等，每項都足以致命！對初下坑的陳政治而言，礦坑環境又髒又危險，於

＊書中人物訪談間常用到礦場語彙，大部分會在行文中適當加以說明。
書末亦附有「礦場用語說明」，供讀者需要時查閱。

建於海山煤礦事務所邊側的職工宿舍。
（朱健炫攝，1986）

是就開始出去打零工，也到工廠當司機。但，都市對來自花東的阿美族人並不友善，「外面不好混」，所以「最後還是回到礦坑」。他自己粗略算了算：「在海山大概有七、八年吧！」

在那種不見天日，生死難卜的工作環境，轉業是許多礦工的普遍心理，但很多人選擇回頭就是因為工資。陳政治說：「當時土城工廠工資一天才四十五塊，那挖煤礦多少？六百、八百！你看，差多少！」以海山煤礦為例，都是一個片道（採煤點）統包給小頭（包工頭），由其負責採煤人員招募和機具器材準備，並與煤礦公司談妥每天的採煤量，譬如每日採煤四十台車，就由小頭分配給該班的礦工分攤。假設一班十人，則每人一天需挖四台車，每車再依重量計資。通常一車平均約在一百五十至二百元之間，因此，挖滿四台車，一天的工資至少六百甚至超過八百。無怪，許多人如陳政治，最終還是回到礦坑搏命。

世間罕見的海底煤礦場

位於瑞芳的建基煤礦，和海山煤礦同屬瑞芳李家產業。礦主李建和，是瑞芳李家兄弟的老么。一九三〇年，日商三井基隆炭礦轉讓，李家兄長李建興承接之，並成立瑞三礦業公司。瑞三礦業在採煤全盛時期，產量占全臺七分之一，是當時首屈一指的礦業公司。其後，李家兄弟合營「海山煤礦」、「建基煤礦」等礦業公司，漸次拓展事業版圖而成礦業鉅子，瑞芳李家遂成北臺灣望族之一。

在海山工作期間，陳政治也曾到過建基煤礦支援。

「建基那邊缺人，我們這一班去那邊幫忙……在大斜坑。」

儘管坑底燠熱難當，但坑洞狹窄，人往往必須躺著挖煤，因地面粗礪，
赤身露體難免受傷，「採煤礦的，不可能脫光光的……除非是推車的。」
（周朝南攝，1970 年代，瑞芳猴硐瑞三煤礦）

建基的兩個礦坑：「海底大斜坑」和「本坑」，是臺灣甚至世界少有的「海底坑」（深入海底土層下開採的海底煤田）。其開鑿結構和技術，在當時是十分先進的。譬如採用「雙軌制」（雙向式纜繩，礦車可以雙線同時進出）直通海底，這是臺灣從未有過的。而為了承受雙重負荷，建基的「天車間」還擁有全臺最大的「天車」（捲揚機，捲動連結鋼纜以拖放礦車進出礦坑的機具）。

「『大斜坑』是雙向的，直通到海底。」陳政治形容將入坑時情景：「先看海，然後那台車慢慢慢慢……噠噠噠噠地下去……」他用表情帶手勢形容：「很恐怖！看著外面，看著那台車，慢慢往下鑽到洞裡面、鑽到海底裡面……」

「很恐怖！」他再次強調，彷彿回想起什麼，他不自覺地笑了出來，但笑聲中有著苦澀。

礦坑裡還有人，遲遲未歸……

一九八四年六月二十日，對很多「海山人」而言，是個血淚交織、永生難忘的日子；對陳政治來說，更是刻骨銘心！

上午六點多，天才剛亮，他就跟著三個哥哥陸續進坑。一個哥哥和他同一班在二斜坑工作，另外兩個哥哥則下到三斜坑。

直到中午十二點多，他們本來要出來了，「結果為了那個進度，火藥用得太大（編按，指負責拓深坑道的『掘進工』，為加速深入坑道使用過量炸藥），落石太多，一定要給他清完，到了一點多……」陳政治續道：「一點多的時候，就聽到裡面爆炸的聲音，兩聲——啪！啪！」

坑底高熱，礦工飲水量大，每次下工後須到茶水間裝滿熱水，等一夜放涼，隔日攜至坑內飲用。
（朱健炫攝，1984，土城海山煤礦）

建基煤礦的「海底大斜坑」採「雙軌制」（雙向式伏地索道）直通海底，這是臺灣從未有過的。
（張偉郎攝，1980 年代）

爆炸聲是來自三斜坑，由於兩個斜坑之間都有風道相通，因此「三斜坑那邊爆炸的時候，那個壓力會跑到通道那邊，然後（兩斜坑之間）那個安全門，就是封閉那個門的木頭都被炸開！」

要命的是爆炸後，整個礦場全部停電。陳政治無奈地說：「沒電了，我們用走路的回去——兩公里！」他苦笑著。

海山進坑後的「電車路」是條平坦的「平水坑」道（俗稱「平巷」，由地面水平入坑），長約二公里，與二斜坑相交於一．三公里處，而二斜坑的坡度近四十五度，所以在二斜坑工作的一群人，從乍聞啪啪聲響、瞬間停電失去照明，就急忙摸黑爬著陡峭的斜坡，上接電車路後一路艱辛摸索走出坑口。

回返工寮，過了一陣子，發現住宿處怎麼一反往常、人影稀落，陳政治當下覺得怪怪的。他逐漸意識到事態嚴重，火速跑去事務所問，結果事務所的人不敢講。他心想，就算發生爆炸，除非人死了，否則總會回來的啊。他越想越不對，一再追問，最後事務所的人終於鬆口，並認為沒出來的人肯定活不了。

陳政治很沉痛地說：「我們非常了解裡面的情形，那個爆炸好像在炸魚一樣，『噹』一聲，人在零點幾秒就死了！爆炸的破壞，還產生不知幾千度的熱度！」

當天，在公司組織下，每四到六人一組，自行組隊下坑救人。陳政治說：「進去兩個小時，不管找不找得到人，就要出來休息，再換一組人下去，大家輪流……」

陳政治與同事們輪番焦急入坑，赴肇事點救援同事——更多還是親人！

人間地獄變相圖

陳政治形容，坑裡簡直亂七八糟。落磐很嚴重，岩層有些掉下來，有些還吊掛著。「有的屍體被掉下來的石頭壓得都看不見！」他再度強調：「那洞裡簡直亂七八糟！」

目睹現場，猶如人間煉獄，十分凌亂不堪！陳政治無奈地形容救援非常困難，人員必須從落磐造成的狹小石縫慢慢鏟挖敲開，才能進入坑內，掘進的速度異常緩慢。加上坑內高熱悶窒，救援者的身心煎熬可想而知。

直到深夜，陸續挖通封住三斜坑的幾顆大石，空氣中即可嗅到難聞的屍臭味！逐步踏入每個片道，頭燈微光下都是橫陳燒焦的屍體，在如此黯黑的狹隘空間裡，一個不留神就踩到癱軟的身軀！

第二天清晨，除了李家所屬瑞三與建基礦場的人趕來支援，其他鄰近礦場的救難隊伍也陸續到達，並支應發電機、空壓機、照明設備及其他救難機具。但「只有在那邊（海山）工作的人才可以（可能）進去把屍體拿出來，要不然，外面的人進去，根本不知道那個洞（片道）在哪裡，因為裡面被炸得亂七八糟！那個支援只是待在裡面而已，真正去拿屍體的，就是我們原本的員工。」陳政治說。因爆炸落磐，斜坑內各片道已面目全非，只有熟門熟路的海山人有辦法摸黑判斷各片道正確位置，並尋找遇難的同仁，將遺體妥善扛搬運出。

他進一步說明：「那是騙不了人的，那個坑裡我們都很熟悉，這個班有幾個人我們都知道啊。拿出來幾個人（遺體）都知道……只要有一個找不到，就用聞的，哪邊最臭，就挖那個磐

礦工身分號碼牌，入坑時帶在身上，
以防遭變時用以辨識身分。
（朱健炫攝自猴硐礦工文史館，1984）

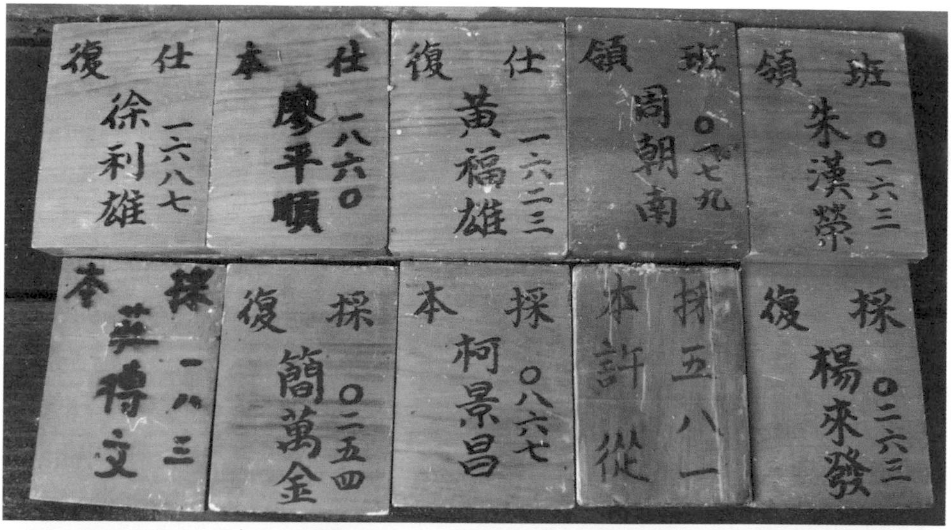

幾度進出坑道救難的阿美族礦工，
因體力不支，在救護站等待醫護人員處理。
（朱健炫攝，土城海山煤礦）

石，就在裡面！」

關於遺體運出的困難，陳政治如此描述：「坑裡上面都在漏水。那個洞都小小的，哇——那封住的袋子（屍袋）都要用拖的才能拉出來……」靜聽他的敘述，令人陣陣鼻酸。

事發隔天早上約十點多，首批遺體（五具）終於被運出坑口，焦急的家屬們紛紛圍攏過去，最後的期待和希望終告破滅。一聲聲力竭的哭嚎與呼喚，那種喚不回摯愛家人的怨恨，那種滿心的悲戚和絕望，令在場所有人無不慘然！

大體一具一具地排列整齊，家屬心急如焚屈身圍繞忙著指認；媒體記者也蜂擁向前，只聽到人聲與快門聲此起彼落。間歇傳來陣陣椎心的淒厲呼喊，多半來自認出罹難親人遺體的家屬。現場交織著喧騰與哀戚的氣氛，彷若地獄變相圖中的夢魘場景！

每次救難人員入坑，眾人總寄予一絲希望；而當台車再次出坑，卻見一具具黧黑的遺體，伴隨著萬般絕望！現場空氣無比凝滯，盡是讓人無以忍受的淒涼，和抹滅不去的瑟瑟愁雲。即令物換星移，坑口那未曾間歇的啜泣聲，以至救援煤車回返時呼天搶地的悲嚎……時至今日猶難令人釋懷，那是種無以言喻的悲憤、不平和失落！

災後第三天，中午時分，地底傳來三斜坑落磐處終告打通的消息。隔天，陳政治兩位哥哥的遺體在第三斜坑被找到，身體嚴重灼黑。講到這裡，他已難掩心中的不捨和刺痛！

撫卹金難挽人命

礦災現場搜救清理持續整整一週，官方公布死亡人數七十四名，受傷二名，但罹難者名單卻遲未公布。有關阿美族人罹難者數字，始終沒有個官方說法。而民間說法有報紙登載七十名、電視台報導五十六名，以及歌手胡德夫說有百分之九十九、前海山礦務所副所長賴克富說約莫一半。可謂莫衷一是。即便翻遍文獻資料，也不知哪個數字為真。最終，北縣官方掌握的名單是三十二位，而親歷現場的陳政治則回憶說，應該就一半一半吧。

然而，不論真實數字是多少人，事件本身都予當時社會人心造成無比巨大的震撼與傷痛。大眾對礦災中原住民傷亡比例之高感到驚愕，也開始關注到他們在都市的勞動待遇、工作環境，甚至居住問題。

災變發生後，各界善款物資源源不絕送往災區，令置身淒涼困境的罹難者遺屬，感受到來自美善人性的暖意。然而，後續撫卹金和善款的發放，卻讓人深陷米諾斯迷宮般，即令三十年過去，很多罹難者遺屬仍一頭霧水！

「原本說每人要發放一千多萬，後來煤山、海一陸續發生事情，最後只發了二百多萬，還有……孩子免費念到大學，另外還有安家費。」陳政治說。

按他的說法，罹難家屬所得的撫卹金，其金額應該近二百五十萬至三百萬之間。以一九八〇年代的物價指數換算，應該相當於現在的二、三千萬吧；這金額並不算少。然而，真正暗藏玄機且造成問題的卻是：「孩子免費念到大學」這句話。因為這句話的解釋，如果孩子沒有念到大學，就無法領取補助金！所以造成一筆由善款轉撥的一．五億教育基金，竟被北縣府疏忽冰凍於國庫超過二十八年之久！

二〇一七年，審計部新北市審計處去函新北市政府：「（民國）七十四年間在原臺北縣海山、煤山、海山一坑等三個礦區發生災變，總計傷亡六百餘人，各界捐輸挹注善款五億一千三百一十八萬餘元，經各煤礦災變所管理委員會決議，相關捐款委託財團法人臺北縣廣慈博愛基金會運用管理。」

而這五億善款中，有三億多即是海山災變時獲捐的。曾有人質疑，金額如此龐大的善款，即令罹難者遺屬每人獲得五百萬補助金，似乎亦不影響善款運用。至於為什麼只發二百餘萬，陳政治說：「我也不知道？」

無從追索的遺屬補償

同樣的疑惑，也在三峽南靖部落的林金妹腦海裡縈繞了三十多年！

當年才剛三十出頭的林金妹與夫婿感情非常好，一九七三年，她接到二哥 Ansin（林金生）和弟弟林阿龍的訊息，說海山煤礦正大舉招募人手，收入非常好，因此夫妻倆就從台東池上來到土城。

林家兄弟搏命於海山的「烏龜尾」（日語「奧部 okube」的諧音，指煤巷尾端），金妹的先生則是位「改修工」（主要工作為豎立木柱以維修坑道的支撐安全）。

由於工寮不夠，金妹夫妻原本與家人擠在窄小的屋舍裡。後來小孩出生，一九七六年才往下搬到土城國中附近。這裡離海山約一．五公里，為了保護林金妹，老公從不許她接近礦場，因此金妹從來不知礦工長什麼樣子。

海山事故當天中午，當她揹著幼兒正在準備午飯時，突然屋外一陣騷動，她正感覺奇怪，

海山礦災當年，林金妹年紀才三十出頭，她與不幸罹難的夫婿感情甚篤，至今仍無法走出傷痛！（朱健炫攝，2019，三峽南靖部落）

忽地一個全身漆黑的影子閃進家裡，朝她逼近。她驚嚇不已，以為大白天看到什麼不祥的東西，就大聲斥問：「你是誰？不要過來！」

「我是哥哥，Ansin 啦！」來人慌張地叫著：「妳快，到坑口去！」當她回過神來，瞬間，身心已經崩潰！

林金妹說在坑口苦候的幾天，茫然無助地等待，眼淚簌簌從未停過，每趟救援煤車出坑，都是一次令家屬撕心裂肺之痛！她睡不著，吃不下，哭到幾近喑啞，卻依然等不到老公生死消息！

第三天，三斜坑的落磐打通後，林家兄弟數度入坑瘋狂地尋找。儘管找出了二十幾名罹難者，但 Ansin 還是尋不著親人——妹夫和堂弟。五天後，終被 Ansin 在亂石堆中發現：堂弟頭部遭劇烈重擊，妹夫也只看到一雙腳，最後是憑遺體口袋裡的號碼牌確認了身分。

就在見面指認的剎那，林金妹當下不省人事，醒來時已在醫院病床上。此後她幾乎天天以淚洗面……

即令歲月更迭，卻並未撫癒她內心深處對於先夫的無盡思念之情。直到今日，每觸及海山，談起礦工，她便不自覺地潸然淚下，甚而一夜輾轉無眠，足見那心靈創傷之深！

早年曾有幾次，親友勸她改嫁，她說從來也沒有想過。而一說到撫卹金，林金妹不解地說，包括勞保、善款撫卹、慰問金等等，「我才領到一百四十萬。」

總共一百四十萬？這與陳政治兄嫂們領到的撫卹金竟有不小落差。是計算方式有別？還是計算標準或級距有異？沒有人知道，也無人追究！

臨時代班竟天人永隔

同樣的案例，也見於三峽三鶯部落的陳碧珠身上。

三鶯部落，是海山封坑後流離群聚於新北的礦工部落之一。曾因位於行水區加之占用國有地，屢遭官方強力拆遷。歷經二、三十年的「反迫遷」居住正義抗爭，不少族人不堪長期拆建無常，紛紛搬離；儘管有許多外來阿美族人入住，但原本的海山人反而逐漸凋零，陳碧珠即是碩果僅存的前海山礦工之一。

來自台東鹿野瑞原的陳碧珠，婚後就跟老公北上在海山煤礦工作，她負責坑外選煤場「篩仔腳」（將煤石分離、為煤分等級）的工作，老公則是「改修工」。她在海山前後共做了六年，談到在選煤場工作的艱辛，她舉例說，當年懷孕到快生了還是在篩仔腳輸送帶邊撿石頭，那時肚子很大不能彎腰，工作時要側著身子，越到孕期末越痛苦，一直做到陣痛的那一天……

當老三出世後，她就轉業去工廠工作。

回憶事故當天，陳碧珠說老公與小叔原本在第二斜坑工作，與陳政治是同一片道。但彷彿

陳碧珠的丈夫因礦災往生，她後來走出傷痛，另覓歸宿，卻也因此失去補償與撫卹。（朱健炫攝，2021，三峽三鶯部落）

命中注定，有個「改修工」朋友找她老公代班，他才去了三斜坑！

當天下午三、四點，陳碧珠正在工廠上班，突然有人跑來告訴她海山發生爆炸，她驚覺老公就在裡面，不自覺地放下手邊工作急速趕回家。沿路上看到吉普車、警車奔馳，她心裡開始感到怪怪的。

到了礦場門口，陳碧珠被憲警們擋了下來，說裡面發生事情不讓進去。她說：「你還不讓我上去，我老公在裡面發生事情，你還不讓我上去！」警察連聲抱歉才放行。

陳碧珠家住十三棟工寮的第九棟，回工寮放下包包，她就火速趕到坑口。此刻坑口已經圍了很多人，她在那裡發現小叔，才知道老公沒有出來，手足無措的她，眼前已一陣昏暗。

陳碧珠說小叔因為跟陳政治同一班，在二斜坑，所以逃了出來。她老公卻是在陳政治三哥那一班，在三斜坑，結果出事了。

事故第二天，坑裡的人陸續出來，但還是沒見陳碧珠老公。陳碧珠說：「我還罵我小叔，你為什麼還不救他出來？我小叔說他太胖了，搬不動，要再找人進去，一起搬出來。」結果就這樣折騰了一週，陳碧珠的老公才得以出坑。只見他全身腫脹，滿身漆黑，最後也是靠號碼牌才確定身分！

災變後，陳碧珠整個人消沉許久，每日就靠在工廠拚命工作來麻痺自己、不要去想。直到後來，她才找到感情出口，重尋了另一段幸福，卻也失去了許多遺孀應有的補助和諸多待遇。而這些所謂的補助和待遇，原本都算在遺屬的撫卹金裡頭，至於撫卹金的總額是多少，她說她也不知道。

一度沉迷酒精，今成教會長老

撫卹金對遺屬而言，只是短暫的慰問，但遺屬心底的震懾和創傷，卻是無以彌補的。剎那間失去兩個親兄弟，對陳政治年輕的心靈是非常重大打擊。整個救難的過程中，目睹慘絕人寰的黑色煉獄，他從來也沒想過一夕之間驟然要面對生離死別的現實，那是怎樣的一種震撼和驚惶！災變後好長一段時間，他的情緒陷入了無可救贖的低潮。

「我離開了海山，我開始每晚酗酒，喝得醉到亂七八糟。」到最後已無法自拔，每天與幾個朋友浪跡街頭，喝了醉，醉了睡，睡醒再喝……長期用酒精麻痺自己的生活，不只讓他失去了工作，也失去了生命和生存的價值。

就在這段時間，他的妻子突然因病去世，更讓他突然失去心中依賴的重心！

這時撒烏瓦知部落的友人介紹他到鄰旁的牧人教會，希望借助宗教的力量拉他一把。初期成效並不大。直到有一天……

「我突然頭非常非常痛，痛到受不了！痛到站不起來，又吐……漸漸地眼睛也看不清楚，我以為快瞎了！」他忽然眼前一黑，癱軟昏厥了過去，被緊急送醫住進加護病房，昏迷了好多天。當他悠悠醒來，發現病榻旁有醫生、護士，他的兒子、女兒，還有兩三位不認識的人。「你醒來了，感謝主。」陌生人裡較年長者說：「我們是大溪慈光教會的教友……」

從此，每天教會的人都來探訪他，為他禱告，傳播福音給他；他一生的救贖也從此開始。人總是要經歷生死交關的試煉後，才會有大徹大悟的轉變。他自責地說：「這一次我跟上帝說，只要把我病醫好，我會接受祢的差遣。」

而上帝似乎聽到了他的承諾……

在親人與教會的關照下，陳政治的身心明顯改善，生活越趨正常，也逐漸走出海山災變的陰影。回首過往，曾因重壓打擊而迷失，讓他失去了健康，也差點失去了家庭；所幸最後在信仰的支撐下尋回了自己，也讓他更堅信上帝的全能。他重新回到牧人教會，經過洗禮，最後承擔起「長老」的職責。

隨著年歲增長，越覺人生旅途上的孤單與寂寞。在兒女都長大成家後，他想要再找個伴侶陪過餘生。

「我從四十歲開始就一直祈求一個伴侶。」他認真述說：「我就跟上帝講說，等到我六十歲以後，神啊！那就是祢的旨意，不讓我再娶老婆。」而就在六十歲那年，他在牧人教會認識了現在的老婆！

二〇一九年五月五日，在教會弟兄姊妹的歌詠聲中，以及雙方家人親友的見證與祝福下，

陳政治重新回到牧人教會，經過洗禮，
最後承擔起「長老」的職責。
（朱健炫攝，2019，桃園大溪牧人教會）

2019 年 5 月 5 日，在陳政治家中，新人身著阿美族新郎新娘服飾，在基督見證下，經牧師宣布成為夫婦。
（朱健炫攝，2019，桃園龍潭）

陳政治在自家的小木屋舉行基督教婚約感恩禮拜。兩人身著阿美族婚禮服飾，在基督的見證下，由牧師宣布成為夫婦，並承諾信守婚約、相愛扶持至死不渝。

海山命運，幕猶未落

海山災變，是引爆臺灣煤業化為灰燼的引信。那曾經帶動臺灣工業起飛、經濟繁榮的火車頭，在一夕之間整個崩潰瓦解。

這場災變不只曾在陳政治身心上造成後遺症，從爆炸那天開始，官方僵化毫無轉圜的處置、礦方躲法避責的商賈心態，以至礦災的善後爭議，特別是原住民的部分——撫卹的爭議、補助的爭議、居住的爭議……在在都是爭議！

一九七九年海山礦場關閉後，陳政治輾轉搬到大溪，信了主，成了教會的長老。然而其他阿美族礦工的去處呢？卻衍生出日後所謂「河岸部落」反迫遷的紛爭，而成了官方和礦方燙手的諸多問題。

這齣錯綜複雜的戲，似乎猶未落幕。

訪問日期：二〇一九年二月二十八日

訪問地點：新北市大溪牧人基督長老教會

02 菁桐礦區的鐵道記憶

西起林口小南灣，東至瑞芳鰈魚坑的市道一〇六號，是全臺第一長的市道。從一〇六號道的六〇．五K處眺望，不遠處的基隆河岸矗立著兩座廢棄橋墩。距今三十多年前，完整的橋墩上鐵道設施尚在，還有全臺少數用高壓電纜線導電、由暱稱「獨眼小僧」的電力機關車拉著長長的一列煤車奔馳於橋上鐵道。而今，孤零零的橋墩，曾見證臺灣煤產業的往日榮光，但終不敵時勢及歲月無情摧殘。

菁桐電車橋上的記憶

「獨眼小僧」（ひとつめ こぞう），是礦用電氣機關車頭之暱稱。其駕駛座前方開一大圓洞為觀景窗，左側則是一圓形車燈；而駕駛座後方的上方正中間也有一顆車燈，車燈下有觀景窗。當夜間機關車牽引著一節節的煤車疾行時，單盞圓形車燈亮起，遠望活像一尾獨眼巨龍蜿

市道 106 號 60.5K 處，前方基隆河岸上的兩
座廢棄橋墩，見證臺灣煤產業的盛極而衰。
（朱健炫攝，2021）

蜒於煤鄉群山峻嶺之間，車頂的「集電弓」不時與電纜線擦出閃熾的火星，同時伴隨迸裂似的嗤嗤聲，十分引人注目。

「獨眼小僧」電氣機關車原由「臺陽鑛業株式會社」於一九三七年自日本首次引進，最早運行於九份的九號硐。在臺灣鐵道還是蒸汽火車奔馳的年代，礦業鐵路已經領先電氣化了！

一九三九年，臺陽鑛業株式會社在平溪菁桐的「石底大斜坑」完成，礦區範圍南北長約五公里、寬約一．五公里，深度約達海平面下七三〇公尺，築有長約九百公尺的通道，以十五度俯角自地面斜切至地底；通道可容納高二．五公尺、寬四公尺的雙軌台車往返。大斜坑的主要功能是聯絡石底一坑、二坑、三坑和五坑等礦坑，將各坑採出煤炭集中運送。礦方於各坑間拓成電車大巷，並建立電車的電纜設備，使之成綿密地下網路；透過坑內的水平電車路，將煤炭運至斜坑再送到地面，除可縮短坑外運輸時間，也便利煤炭集中管理。

當大斜坑開通，原已開採的礦坑所有進出都經此管制，所以原有一、二、三和五坑的礦坑除了作為進氣或排氣的「風坑」外，已經沒有出煤功能。而為加速採煤載運，礦方更自九份調來一輛獨眼小僧，牽引著列車奔馳於地底，至各坑載運煤炭或石碴，再集中於大斜坑以捲揚機運出。臺陽的石底坑（俗稱舊坑）因煤源枯竭於一九七五年封閉，獨眼小僧遂轉與「新平溪煤礦」使用。當時臺陽只剩菁桐坑（俗稱新坑）仍在運作，礦方另從苗栗田美煤礦再調一輛獨眼小僧作為運輸主力。推估菁桐坑有獨眼小僧運行，應在一九六六年之後，甚至到一九七一年臺陽九份採金事業結束以降。

記憶中，菁桐電車橋還存在的那些年，菁桐坑掘出的煤，就是由獨眼小僧領頭牽引著一長

「獨眼小僧」機關車倒行牽引著一節節的煤車疾行時，
活像一尾獨眼巨龍蜿蜒於煤鄉群山峻嶺之間。
（朱健炫攝，1986，平溪十分新平溪煤礦）

菁桐電車橋還存在的那些年，新坑掘出的煤，就是由
「獨眼小僧」牽引著一列煤車，經由此橋通往菁桐車站。
（朱健炫攝，1986）

列煤車，經由此橋跨越基隆河，通往對岸菁桐車站旁的卸煤場，然後倒入煤斗車運往外地。筆者當年驅車途經親歷此難得情景，即興奮留下當時列車過橋影像。而這些影像也意外成為學者眼中珍貴的文獻史料。有研究臺灣煤業史的研究生告訴筆者，她跟教授一直在找當年菁桐坑的煤是如何運往菁桐車站的照片，他們只知道那條路線，卻都是用想像的；現在真實影像就擺在眼前，著實讓人振奮！

因為照片，牽引連結過往的共同記憶，許多地方文史工作者和耆老，企盼公部門能重建菁桐電車橋的舊貌，讓獨眼小僧繼續帶著一長列「觀光煤車」，繼續奔馳於橋上。

「火車快飛」的青春歲月

二〇一七年，公視「獨立特派員」節目應採訪需求，廣發「尋找曾在菁桐坑開『獨眼小僧』的阿伯」訊息，並收到很多迴響……

不久，輾轉得知瑞芳車站有位年過九旬的老志工，在旅客服務中心櫃台負責日語翻譯，名叫王孝敦，聽說曾在菁桐開過電氣煤車。

興奮之餘，乃透過當時瑞芳老街促進會的三劍客：柯瑞和、陳志強、林文清三位里長幫忙，不僅聯繫到他，也經瑞芳站長的同意與協助，在旅客服務台訪問了他。王孝敦指著《礦工謳歌》書中「獨眼小僧」拉著一列煤車過橋的照片，儘管照片上列車駕駛員顯得小又不清楚，但他一眼就指出那是年輕時的自己！

王孝敦出生於一九二九年，日治下的臺灣時當日本昭和四年。出生地在七星郡役所平溪庄

翻看《礦工謳歌》，王孝敦確認書中影像「獨眼小僧」的司機就是他。
（朱健炫攝，1986，平溪菁桐煤礦）

當年在瑞芳車站服務的老志工王孝敦，年輕時曾在菁桐開過電氣煤車。（朱健炫攝，2019）

石底的白石腳，即今平溪區白石里，更精確講就是菁桐車站過平菁橋右走所謂「北海道宿舍區」的職員宿舍裡。

問起童年往事，他哈哈笑說：「囝仔時代的代誌，我都記不起來。」

再問：「可是那邊都是高級宿舍區咧。」

這時他忽然降低音量說：「我跟你講，我的『多桑』當時是臺陽倉庫主任。」接著他很興奮地描述：「每次過年過節，常常會有人抓雞或鰻來厝裡，還有很多禮。」他像小孩般雀躍。「所以，我最歡喜過年過節！」

最後，他很直白地補充：「不然，我哪有錢讀到高中！」

其實，他記憶片段的這些過往榮景，應該都是他父親上調至九份時的歷史……

一九三六年十一月，「株式會社雲泉商會」宣告解散，併入臺陽鑛業株式會社之經營體系內。並於隔年成立「臺陽礦業事務所」，作為當時臺陽礦業在九份的管理中心。事務所建築為加強磚造的平房，壁磚及洗石子牆座均採米黃色系，整體建築以方形塊面構成，外觀讓人聯想到閃閃發亮的黃金。

號稱「炭王金霸」的基隆顏家，隨著事業版圖的再度擴大，待「臺陽礦業事務所」總部完工後，王孝敦的父親王啟輝便被調回九份任職。

礦工嘛有大某細姨？

一九三七年，王啟輝一家隨著臺陽總部搬到九份，八歲的兒子王孝敦首次體驗到如此繁榮的山城風光。

初來乍到，王孝敦剛好趕上就讀「金瓜石公學校」一年級，也開啟他在九份這座燈火璀璨、號稱「不夜城小香港」的華麗山城歲月。

「剛開始，我們是住在七番坑。」王孝敦回憶，指的是在今日九份的「金山寺」底下區域。「後來我們就搬到臺陽的職員宿舍。」他邊思索還不忘補充：「那是在金瓜石上面，離九份派出所的上方不遠……派出所你知道吧？就在那階梯旁，我們家要爬階梯上去。」在山城，拾級上下是此間居民日常。而入夜後的九份，卻又是另一番景況……

「阮囝仔時代，九份仔真鬧熱！……四界（處處）攏是查某間、酒家、茶店仔……」他說小小一個山城，每天晚上都有人喝醉酒打架鬥毆，甚至砍人！不僅男人如此，女人也一樣。「常常攏有大某、細姨在街仔路相罵，甚至冤家相搏（吵鬧打架）、捘捘搦搦（拉拉扯扯）！」他笑笑說：「真見笑，真歹看！」

問他礦工也娶大某、細姨？他回：「哪會無！」然後就細數某某長輩誰、誰、誰，「攏嘛是！」

九份山城留給王孝敦的童年記憶，除了逢年過節的賓客絡繹，更多的是大人夜生活的紙醉金迷，而後者適足以反映當時礦工在不知無常何時降臨的心態下，因為高危險、高所得工作型態所選擇的生活日常。一旦得幸走出坑口，就猶如掙脫煉獄。或許，溫柔鄉裡的一夜長醉，是麻痺自己的最好方式。

「在坑裡不是人，出了坑才是人！」王孝敦若有所思地總結道。

一九四五年左右，王孝敦自宜蘭初中畢業，順利考進位於八堵的基隆中學。在那所謂光復初期的貧窮年代裡，以當時的社會價值觀而言，讀高中確實是有錢人家的權利。在九年國民義務教育尚未推行的時代，有些人甚至沒機會就學，而多數孩童迫於家境，也是在小學畢業後就投入工作生產、分擔家計，哪敢奢望再讀初中。因此孩子能念到高中，除了說明這小孩很會讀書外，也代表其家庭具備社經地位；正如王孝敦的父親在那時屬於礦業的高層階級一般。

一九三七年完工的「臺陽礦業事務所」建築，是當時臺陽礦業在九份的管理中心。（朱健炫攝，2019）

不經意地，王孝敦的話語「不然，我哪有錢讀到高中！」又在腦海響起。

政權更迭，臺陽營運更艱

就在王孝敦考上高中、太平洋戰爭結束、臺灣光復的同一年，臺陽礦業卻遭遇困頓！由於原股東藤田組持分高，當其股份因日方戰敗順勢被國府接收，加上戰後中日政府忙於交接、遣送，根本無暇顧及民間金融產業秩序，以致九份及金瓜石的金、煤礦包採紊亂、「散花仔」盜採猖獗，已經到無法無天地步。不僅整個金瓜石和九份地區，甚至蔓延至瑞芳、暖暖、四腳亭等地各硐，造成全區的採金制度完全失控崩潰，臺陽的金礦部亦終告停頓。

學者顏義芳在所著〈基隆顏家與臺灣礦業開發〉指出：「九份、金瓜石一帶盜金風潮盛行。俗稱為『散花仔』的盜金客甚至攜帶武器和開採工具，毫無忌憚的入坑私採，所採之礦砂以土法提煉收集黃金，導致黃金交易在黑市極為活絡。當時黃金是允許自由買賣，但白銀則仍為統制物品，不得私自買賣。」

臺陽的困頓也波及石底和菁桐礦區。採煤實際營運原已無法推動，石底礦業又因停電，以及強採防水炭壁，造成坑底出水淹沒下部礦區，又造成嚴重落磐，致使煤場無法運作而告全面癱瘓。期間，臺陽有三年近乎全面休工。

一九四六年十一月，國民政府完成臺灣接收，全臺礦業歸經濟部資源委員會管轄，其中貴金屬由臺灣金銅礦務局（簡稱臺灣金礦）承接，金瓜石礦山納入國營事業。煤礦則交臺灣煤礦公司接收。另民營企業中含有日資者，概歸國有。

臺陽礦業——從九份到菁桐

「臺陽礦業」前身為「雲泉商會」。

史載：清領光緒十六年（一八九〇）修築臺北、新竹間鐵路，於施工段七堵溪中發現砂金。光緒十九年，適有潮洲人李家因曾在美國淘金，便逕自猴硐沿大粗坑、小粗坑溪上尋，赫然在九份山麓發現小金瓜露頭。

消息傳出，各處淘金客一呼百應、趨之若鶩，幾乎擠爆了九份、金瓜石一帶甚至基隆河沿岸的猴硐、瑞芳店、鰈魚坑、四腳亭、暖暖……等地河川，而當時確實均發現砂金！趁淘金熱潮，清政府順勢把經營不善的金砂釐局，交由富賈蘇源泉承租。蘇源泉仿效官方「包租釐金」方式將採礦外包，並增設分局於九份山和小粗坑。然而一年半租約期滿，清政府竟又收回重開金砂局。

一八九五年甲午戰敗，清將臺灣割讓日本，金礦也遭日本接收。

隔年，基隆堡仕紳顏雲年向臺灣總督府申請並獲金瓜石礦區採礦權許可。經營初期並不順利，便於一八九九年分別成立金裕豐號、金盈豐號、金盈利號、金興利號、金裕利號等多家商號，將礦區開採權廣租給各路淘金客。

顏雲年諳日語，故受召擔任巡查補兼翻譯，因嫻熟與日本官方交涉，因此得識握有瑞芳礦權的藤田組首腦藤田傳三郎男爵，雙方進而交好。一八九九年，藤田將小粗坑的採礦權租給顏雲年。初期苦於金瓜石、大小粗坑地處偏僻山間，無寬闊聯外道路。顏雲年乃在一九〇二年找到金礦大亨蘇源泉，雙方籌資分段共築瑞九道路（瑞芳至九份），這是九份當地兩位金礦強人合作的開始。「臺陽礦業事務所」主建築右側豎立著一座頌旌碑，即是頌揚兩人一舉改善物資運輸與居民對外交通的貢獻；石碑已因颱風摧毀，現只餘殘破一截。

因此機緣，兩人於隔年進一步成立「雲泉商會」，承攬藤田組所有包括九份山大粗坑、大竿林各硐直營的採礦業務。一九〇四年再取得三爪子坑（今日瑞芳車站一帶）、一坑（今日瑞芳祖師廟一帶）等地煤礦的開採權，逐步又奪下猴硐、瑞芳、深澳、平溪、五堵、三峽等地的礦權，「雲泉商會」漸漸取代了藤田組在瑞芳地區礦山開採的一哥地位。

平溪菁桐的崛起，始於平溪庄長潘炳燭發現煤田露頭。經試掘後，發現煤質良好，煤層厚度也夠，於是正式提出礦權申請而獲准。但後來礙於該處交通閉塞，人力、勞務以及運輸問題難以解決，加以所需資金龐大無力獨撐，遂於一九一八年與藤田組、基隆顏家合資成立「臺北炭礦株式會社」，大規模開採石底的煤礦。隔年，第一次世界大戰結束，國際銅價崩盤，日本國內四大銅礦公司接續倒閉，以銅礦經營為本業的藤田組，逢此變故亦元氣大損，遂捨棄原本即為純投資的煤業經營，而於一九二〇年退出臺北炭礦株式會社，而後占多數股的顏雲年即接收另組「臺陽鑛業株式會社」。一九四五年日本戰敗，臺灣交國民政府管轄。臺陽會社原藤田組持股被國府接收，公司業務終告停頓。直至一九四八年歷經多方斡旋下，顏家始買回原屬日股股份，也依新政府的「公司法」改組為「臺陽礦業股份有限公司」，重振顏家炭王霸業！

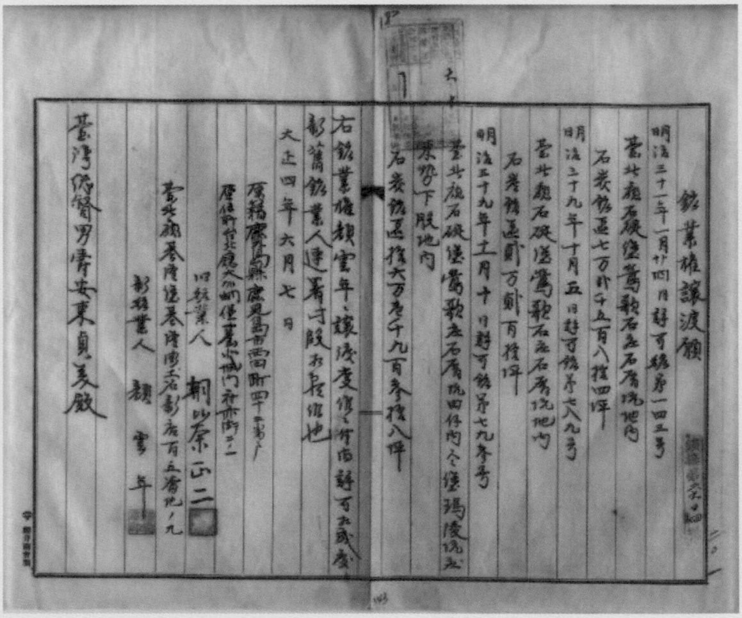
鑛業權讓渡願

大正四年六月七日

「鑛業權讓渡願」（讓渡書），見證了雲泉商會取代藤田組在瑞九地區礦權的輝煌歷史。（國史館台灣文獻館：『臺灣總督府公文類纂』，1915，典藏號：00002430011）

菁桐白石腳的「日式宿舍群」，
即是往昔臺陽高級職員的宿舍。
（朱健炫攝，2019）

基隆顏家為尋求民營自主權運籌多時，直到一九四八年在結合中臺礦業株式會社代表人顏德潤、顏滄海等多方奔走下，終跟政府買回原屬日股的部分，重掌經營權，並依新政府的「公司法」改組為「臺陽礦業股份有限公司」，隔年即把煤礦部遷移至菁桐。

王孝敦家也隨著公司搬遷而移居菁桐，此時正值王孝敦高中畢業時期。自此，王孝敦的後半生便跟菁桐結下了不解之緣。

「你知道臺陽在白石腳建了兩排宿舍，上面最大間的是礦長住的。」他說：「我們住的是下一排，在土地公旁邊。」今人所謂菁桐白石腳（白石里）的「日式宿舍群」，即是往昔臺陽礦業高級職員的宿舍群。

石底鐵道的開通

菁桐的拓墾始於清乾隆年間，地名因早年遍地野生菁桐（梧桐）樹而得之，爾後因開坑產煤，便稱為「菁桐坑庄」。

近代菁桐的崛起，始於礦產，而石底鐵道（平溪線）的開通，是一大關鍵。

「炭礦經營，首重搬運，搬運已便，則可擴張採掘，無汲長鞭短之慮。」這是顏雲年在所著〈炭礦經營論〉中的真知灼見。這說明：對當時臺灣的礦業鉅子而言，無論是瑞芳李家或基隆顏家，要如何將生產的煤炭用最便捷方式運至鄰近火車站或碼頭，都是第一要務。

為解決僻遠山城菁桐煤產運輸的棘手問題，當時顏家考慮到三個方案：

(1)「菁桐古道」的空中索道（纜車）——菁桐越嶺「肉板峠」至汐止

這曾是首先被考慮到的方案，然而，空中索道（流籠）限制太多，運輸貨物可以，運人及其他大型器具困難度太高。對於地方產業的開發，貢獻值太低，最後放棄。

（資料來源：《臺陽鑛業公司四十年誌》）

(2)石底鐵道——菁桐坑經十分寮至猴硐

鑑於一九一七年宜蘭線動工興建，顏家思索修築石底鐵道以銜接之。這樣無論在建造成本、運輸距離、開鑿難度、轉車裝卸的耗費上都較有利，甚至可以兼作運送其他礦場設備和居民員工的交通工具。

一九一八年終獲定案始建，由顏雲年之弟顏國年委託鐵道部測量規劃路線，雖曾因第一次世界大戰暫止，最後仍於一九二一年完工。

一九二九年，日本總督為貫徹鐵道國有政策及臺陽遭逢經營困難，終由日本政府出資收購，更名為「平溪線」，併屬宜蘭線支線並加設十分寮、嶺腳寮、石底及菁桐坑四站，為客貨兩用的運輸路線，通常是煤車置前、客車掛後。

（資料來源：《北縣文化》〈平溪鐵道史初探〉、《菁桐地區礦業建設與地方空間結構之研究》）

(3) 臺北裡線——菁桐過石碇至景尾（景美）

此方案在「平溪線」未定案前曾被建議過，但因難度及實用性問題而擱置。後來石底鐵道完工營運，在仍未歸國有前，日本官方曾有意恢復此計畫，將「平溪線」延伸至新店線的景尾驛。一九二三年，日本官員視察石底煤礦，就是為了研究石底鐵道從菁桐坑車站連結新店線景尾驛（菁景鐵路）的可行性，形成臺北到三貂嶺的「臺北裡線」，後告放棄。

（資料來源：《臺灣鑛業會報》第一〇五期、《臺陽公司志》）

最終拍板，「平溪線」成為菁桐聯外的大動脈，它把煤鄉的一切幸福和願景，連結了遠方富裕的城市和繁華的港灣！而菁桐，也因此在那淡淡純樸間，多施添了一點點的胭脂……

懷抱炸藥的奇險時光

就在王家移居菁桐的前一年，亦即一九四七年，臺北爆發了震驚中外的「二二八事件」，動盪局勢隨即蔓延全臺，也造成全臺教育單位或學校近乎癱瘓。

「因為二二八事件發生，我不能考大學。」王孝敦嘆了一口氣。

高中畢業後，王孝敦既然無法再升學，只能等待被徵召入伍。結果因為手傷，兩次複檢未過，結果不必服役；後在姊夫邀約下，到基隆開了間木材廠，做起生意來。

可惜幾年下來木材廠經營得並不成功。在父親的要求下，王孝敦於一九五六年遠赴新竹縣五峰鄉，到父親拜把兄弟所投資的「旭昌煤礦」任職，職銜竟是「礦長」！

「我那是校長兼摃鐘（身兼多職）！」對於旭昌煤礦的工作，王孝敦以臺語自我解嘲。在旭昌，礦場裡不管坑內坑外、上上下下、大大小小的事都要他打理，日子過得非常忙碌，但他也甘之如飴。

唯獨有一件事例外……

他說最怕的是去臺北找老闆拿要發的工資，還要再到八堵拿「爆子」（pòk-tsí，就是供掘進用的炸藥），舟車勞頓這倒沒啥好抱怨，但「卻要一路上拿著『爆子』回五峰……那個『爆子』是不可以拿（上車）的，卻還要我拿回五峰！」他一臉餘悸猶存。因「爆子」本屬違禁品，何況攜帶炸藥搭乘大眾交通工具，那更是嚴重違法。

王孝敦比了環抱一包東西的手勢說：「從八堵坐火車到竹東，再從竹東坐公路局到五峰……五峰到炭礦還要走一段路。」

他說沿途都有檢查站，因為五峰當年還是山地管制區，雖然檢查站的人都認識他，他還是很擔心被發現。述說間不

臺語的「爆子」(pòk-tsí)，就是採礦不可少的炸藥，屬管制品。(周朝南攝，2020)

斷強調：「我活活快要嚇死！」

不知幸或不幸，這段懷揣「爆子」搭車的艱險時光，在五年後結束。一九六〇年旭昌煤礦結束營運，王孝敦離開五峰，返回菁桐。

與「獨眼小僧」相伴的歲月

回到菁桐的王孝敦，應曾在新坑開煤車的弟弟王新化邀薦，抱著暫時「度時機」的心情，投入機關車駕駛的工作。原本只當是過渡期、殺殺時間，結果卻一頭栽了進去：從他暱稱「Po、Po、Po」的柴油機關車開始，到後來接手換成獨眼小僧，這麼一路開下來竟也樂此不疲！直至一九八八年菁桐煤礦停工為止，王孝敦的駕駛路線都在新坑部分。

「每天早上八點，我的空車就要從菁桐車站這邊開出去，過橋，到新坑。」車站月台邊，王孝敦比著列車行進的手勢，娓娓道來。

王孝敦描述駕駛過程：進入新坑，會先經過一段約八百公尺的平坦「電車路」（卸路 tàn lōo），然後就到北斜，先在北斜口暫停卸下部分空車，再把車子拉到卸底（tàn-té，斜坑底）的南斜口（卸路總長約一〇九〇公尺）後，則將原先在前面的獨眼小僧調到尾巴，解開空車，再換接由捲揚機拉起的南斜重車（滿載煤車），然後倒拖著這列重車前進，直到北斜口又接著加拉北斜的重車。

其實，菁桐煤礦是名副其實的「大巷硐」。所謂「硐」，就是水平礦坑，日人稱之「平水坑」。在大巷還未出現前，平水坑都是走「手押台車」，即令蒸汽小火車以至柴油機關車出

「大巷硐」是以「平水坑」(日語，中文為水平坑)方式開鑿，先挖出平坦較寬廣巷道(平巷)，再以拱形鋼鐵為支柱，鋪設電車鐵軌，以供電車在坑內行駛。(朱健炫攝，2019，平溪十分新平溪煤礦)

九份的九號硐(九番坑，為紀念臺陽礦業公司創建人顏國年、所長翁山英，又稱「國英坑」)，是臺灣最早的「大巷硐」。(朱健炫攝，2019)

現，仍未至「大巷」的程度，因為它還不需加設特別的通電和相關設備。此外，「大巷」的說法也表示相對於「片道煤巷」。在臺灣，「大巷硐」最早始於九份之九號硐。

菁桐煤礦的「電車大巷」（電車路）大概一〇一〇公尺長，與「北斜坑」（西北走向）相遇於約八百公尺處，其「卸底」則銜接「南斜坑」（東南轉西南走向）。

「入坑後，走電車路，先去南斜，再到北斜，再一起拉出坑，過橋後，拉到菁桐車站旁的選洗煤場。」王孝敦繼續講：「然後回頭再去新坑拖第二趟。」

就這樣，無數趟來來回回、周而復始……他也沒有細算一天拉了幾趟，反正就是拉到沒得拉為止才下工。至於趟數，「反正兩頭都有指導員（監督）在計算，不會錯。」

「平常下午四點就下班，當然，有時『事頭』多到暗時九點外（多）才下班也常常有。」

然而，王孝敦與獨眼小僧朝夕相伴的日常，終不敵時代巨輪的前進與輾壓。一九八八年，臺陽的菁桐煤礦終究難敵現實時局的無情，宣告落幕，叱吒風雲逾一世紀的顏家礦業帝國，亦不得不走入歷史。

一生與鐵道相伴，永不言退

由於礦場停工，菁桐的宿舍必須讓出，王孝敦一家便移居瑞芳。

年近花甲再度失業的王孝敦，經妻子引薦，到她服務的醫療器材公司工作，直到約六十五歲時退休。

人生賽事的前六局，幾乎與臺灣煤業（鐵道）結下不解之緣，王孝敦原以為此刻終於可以

王孝敦在瑞芳車站旅客服務中心擔任日語翻譯志工，樂此不疲近三十年。
（朱健炫攝，2019）

王孝敦於 2019 年「鐵路節」慶祝大會，接受行政院蘇貞昌院長公開表揚並頒「感謝狀」。（朱健炫攝，2019，台鐵總部）

歸於平靜，就如同運煤的「平溪線」，在煤業沒落後，或將面臨沉寂拆除的命運。然而戲劇性地，隨著千禧年以降，平溪「天燈」一盞盞迎空升起，平溪的觀光地位亦隨之高揚。而原本無煤可拉的平溪線，亦轉而拉來一車車的海內外觀光客；不覺間，平溪線竟逐漸成為臺灣發展國際觀光的重要血脈，連帶也造成平溪線的起點瑞芳，在假日期間往往湧入一波波美、日、韓的觀光客。

這時，精通美日韓語的導覽志工就變成瑞芳車站旅客服務中心的重點項目。而受過日本教育，日語聽、講流利的王孝敦，在友人推介下，毅然接受了旅客服務中心日語翻譯志工的挑戰，而且一戰就是近三十年！

幾近三十年的光陰，王孝敦在瑞芳車站旅客服務中心的翻譯志工生涯，從六十多歲的壯老之年，一直到九十多歲的古稀之齡。他一早從家出門，獨自一人無需攙扶，徒步走到車站的工作崗位上工。中午下工時也是如此。

「我今年八十九歲。」每當有人問他的年齡，這就是他的標準答案。「他每年都說八十九歲。」王太太在旁笑著說。自從他真正的八十九歲起，每年不管誰問他，結果都一樣！太太說完，引得他自己都不好意思地笑出來。

在車站服務旅客，王孝敦並不會死守著服務台等人來諮詢，而是只要看到疑似日籍觀光客，都會主動趨前用日語詢問是否需要協助。

王孝敦以高齡之身，猶不忘服務公眾之情，也因此獲得不少褒獎和表揚。

二〇一九年六月五日「鐵路節」，王孝敦就被鐵路局的旅客服務中心提報「優秀志工」，全臺數千位志工中只有兩位獲選，他是其中之一。在「鐵路節」慶祝大會中，接受行政院蘇貞昌院長表揚並頒「感謝狀」，並有交通部長林佳龍和臺鐵局長作陪。

這是他一輩子莫大的殊榮！

打從出生的那一刻開始，一直到一九八七年止，王孝敦幾乎可說是在「臺陽」的羽翼下成長。他人生前三分之二的闖蕩過程，其背後不免隱約看見「臺陽」巨碩的影子；而退休後的志工生活，也依然與連結他前段生命的「鐵道」緊密相依。

當然，王孝敦坑外奔馳的「車行」生涯，自是有別於另一群人坑底恍如「煉獄」般的試煉。而正是他與他的夥伴們——那些無論是坑裡或坑外的礦業從事人員——就此共同把「臺陽」構築成一個偉大的礦業帝國！

訪問日期：

(1) 二〇一九年五月二十九日

(2) 二〇一九年六月十九日

訪問地點：

(1) 瑞芳車站

(2) 瑞芳王孝敦自宅

03 地上開出的路與地下挖出的路

一九八〇年代的十年間，因緣際會下，曾執著於礦場的拍攝。漫長的三千多個日子，彷如一位礦工般，把自己最顛峰時期的青春和歲月，幾乎投注在這個領域的拍攝裡而無悔！

如今，三、四十個寒暑匆匆而逝，每次靜心回想當時的行腳履痕，驚覺最為迷戀的有五個煤礦。這十年間，若以一九八五年為分水嶺，之前，在土城海山煤礦「蹲點」最久，因此跟海山的感情也最深。之後，則幾乎周旋於新平溪煤礦、台和煤礦、重光煤礦和菁桐煤礦之間，每每在溪河與峻嶺環抱中，享盡了煤鄉的山光水色！

礦區命運大不同

話說這幾個礦場，就其礦區的地景地貌，細細品嚼，在在都有它們各自的特色：

新平溪煤礦，聳峙
蒼茫的捨石山。
（朱健炫攝，1987）

台和煤礦，吊橋上的煤車，與煤車
共同打拚的女礦工們。
（朱健炫攝，1986）

重光煤礦，穿行各場域的礦車，與湍流小橋景致。
（朱健炫攝，1986）

菁桐煤礦，女煤工推煤車的身影。
（朱健炫攝，1986）

例如新平溪煤礦，最吸引人者是它的「獨眼小僧」電氣列車，以及芒花滿開、綴遍高聳的捨石山。（編按：新挖煤礦與石碴混雜，經選洗場將兩者初步分離，廢棄雜石擇處傾倒，日久堆積成丘，即為捨石山。）

至於台和煤礦，最讓人留戀的是它奔馳於吊橋上的煤車，和凌雲御風於其中，或推或跳上煤車的女礦工們！再說重光煤礦，最令人難以忘懷的是各式各樣的湍流小橋，和一列列穿梭於各種場域的礦車，在晨昏之際，更顯其粗獷豪邁之態！

菁桐煤礦則承襲了顏家礦業帝國的冠冕和血脈，即令高角度拍攝女礦工推煤車，於蔓延伸展的車軌間，也能拍出一番豪邁中不失嬌柔的景致！

曾經，石底富裕過，它的富裕來自煤業的豐收，煤業的豐收相對帶來礦工的有錢。曾經，菁桐繁華過，它的繁華因位居平溪礦業的核心，令菁桐煤街盡是歌臺舞榭、夜夜笙歌。

如今基福公路像一把利劍，它沿著新平溪煤礦側緣將新平溪削掉了一邊，然後直直插進了重光煤礦的心臟，把重光煤礦整個毀掉！幸好新平溪被保住了。

菁桐的石底大斜坑和選洗煤場，僥倖被留下，成了臺灣重要的文史遺產。但不幸的台和煤礦，卻是近乎蕩然無存。

誰是「小頭謝連生」？

台和煤礦所在平溪的紫來村，原與東勢村以基隆河支流的竿蓁林溪與竿蓁坑溪為界，後於一九七八年併入東勢村，行政區均在今平溪區東勢里。

台和老礦工之子吳金池將工寮買下，改建成一處優雅的咖啡廳。
（朱健炫攝，2020，平溪紫來藍鵲咖啡）

一旦遠離平溪鐵路幾個煤礦的集散大站，喧囂便逐漸被拋諸身後，縱然三、四十年過去，即使新冠肺炎疫情嚴峻前全臺觀光熱點多人潮氾濫，紫來依然清靜幽雅如世外桃源。

回顧一九八五年左右，每每驅車來到台和煤礦，無論是立於台和橋前、竿蓁林溪畔、捨石場路尾或在捲揚機邊看著重車緩緩被拉出二斜坑……即令台車與捲揚機隆隆聲響不絕於耳，觀景窗後的心竟是波瀾不興！

在菁桐文史工作者、同時也是菁桐老街促進會核心的楊錦聰介紹下，得識土生土長的紫來村人吳金池；他是台和老礦工之子，自出生就住在台和煤礦吊橋邊的工寮。父親過世後，他把熱愛紫來的心化作行動，將工寮買下，改建成一處優雅的咖啡廳。

爾後凡到平溪煤鄉做田野調查或訪談，便常借他的「藍鵲咖啡廳」作為聯繫場所。在繼續未竟工作之餘，倚窗俯瞰竿蓁林溪，可享受午後的那份靜謐。

二〇一九年間，透過吳金池聯繫，數度於此間與原台和礦工子弟訪談，翻開前作《礦工謳歌》供受訪者指認，書中是否有熟識之人。有次，書頁中一幀重車被拉出二斜的作品，有人懷疑其中站在最前面的可能是「小頭謝連生」。

謝連生（左）對筆者（右）侃侃而談談菁十公路開通的祕辛。（朱健炫攝，2019，平溪）

為求慎重，又找出一幀照片供比對，看到的人都說很像。聞言大喜，詢問：「小頭謝連生是誰？」

幸好謝連生大家都認識，經吳金池指引和聯繫，得知他在平溪老街開了一家雜貨鋪。

在吳金池的安排下，眾人相約於他的雜貨鋪，請他確認《礦工謳歌》書中影像，他尷尬地笑說，這應該是他哥哥，但已過世了。儘管年代已久，他還認出了重車邊上幾個人是某某某！

儘管影像中主角不在，但透過謝連生的敘述，令眾人重返三十年前的台和採煤之旅。

十六歲進入大東煤礦

謝連生於一九三七年出生於平溪庄（今新北市平溪區）的一個礦工家庭。在他的印象裡，父親最初工作於木山煤礦，直到一九五四年木山停工改組，才轉到台和煤礦。

十六歲時，謝連生在東勢格的「大東礦場」找到他人生的第一份工作。

大東煤礦位於原臺北縣平溪鄉東勢格的火燒寮，即今新北市平溪區東勢里番子坑，距平溪鐵路嶺腳站約七．二公里，地理位

《礦工謳歌》中一幀影像（左圖），站在重車最前的疑似謝連生，為求慎重，找來另一張圖供比對。
（朱健炫攝，1986，平溪紫來台和煤礦）

置非常偏遠。由於地勢影響，一直以來，火燒寮總是全臺灣年雨量最高的地方。

最初，大東煤礦早在一九一九年即由臺人蘇盛設立礦權，礦號一九一五號。當時申請的範圍幾乎橫跨了兩堡三庄：三貂堡柑腳庄（土名：盤山坑、土坑），石碇堡石底庄，什份寮庄（土名：火燒寮番子坑），算是非常遼闊。一九二八年定名「福成炭礦」，一九三八年礦場易主、次年改名「大東炭礦」。臺灣光復後，煤業礦權由國府接收；後經營權幾經輾轉。

一九五三年，謝連生十六歲，拿到勞保資格同時，受雇進入大東煤礦擔任二手（助手學徒）。他笑說，當二手時很勤勞，努力學習，一年後已有師傅的工夫，可算是「出師」。他的「老師傅」見到他的能耐，發工錢時，給他的是「師傅」的金額！他不敢收，畢竟他的上頭還有「真師傅」，他這個「假師傅」收了這份額的工資，似乎對真師傅不敬。

結果，他師傅竟然親自把錢送到謝家，交給他老爸，這就逼得他不得不收下。

謝連生出師後不到兩年，就被老闆升為小頭（工頭），交給他負責一個「片道」（採煤點）；足見他工作上的能耐，獲得極大肯定。

所謂「小頭」就是包工制「工頭」之俗稱，「小頭」向礦方包下一個片道後，必須負責招攬足夠工人，人數從五至十人到多達二十人不等，並與礦方談妥包工之總量（採煤車數，或掘進長度），以及金額（每車或每公尺多少錢），還有工具器材兩方如何分擔等。

包工的工資每月結算兩次，由「小頭」申領後分配給底下工人，「小頭」可以先自工資總額中依每車或每公尺扣一金額歸自己所有，剩餘再均分下去（小頭仍算一份）。

一九五九年大東改組，謝連生轉到木山煤礦包工。

大東煤礦是「火鼎坑」？

在談論中，謝連生提到一件新鮮事：大東煤礦是臺灣少有的「火鼎坑」。何謂「火鼎」？其實就是火力發電設備，更嚴格講，指的即是它的鍋爐。因為在礦工們眼中，那鍋爐猶如一口大的「鼎」（鍋），鼎裡置放煤粒起大火燃燒蒸氣爐，產生蒸氣後推動汽輪機、帶動發電機用以發電，所以稱為「火鼎爐」，簡稱「火鼎」。

大東是「火鼎坑」，早先曾聽吳金池提過，此刻再經謝連生談及，才猛然記起。吳金池提議擇日走訪大東，說有一位年過九十的高添福，曾是大東的礦工，後來變成礦場合夥人，他就住在大東舊址。

二〇一九年十二月，吳金池約妥高添福，即前往東勢格火燒寮拜訪高添福。在原為大東煤礦事務所的磚房內訪談後，高添福隨即引領眾人走訪大東（後稱「鴻福」）煤礦的遺跡。

高添福說，大東炭礦從開坑便自主火力發電，主因礦場所在深山偏鄉，電廠電力配給不到，因此只能自力救濟。礦方建了一座五呎寬、十六呎高的火鼎（鍋爐）用以發電，後改成七呎二吋寬的雙爐，是臺灣最大的「火鼎爐」。而礦場斜坑口七十五匹馬力的捲揚機和四台水泵均賴此火鼎發電操作，所以大東被稱為「火鼎坑」。火鼎爐除了發電之外，還有一項用處：燒沸的熱水可供礦工洗浴，堪稱多功。

一路上，高添福不時熱心為大家講解，同時帶領眾人巡禮大東煤礦遺跡。從原事務所出發後，爬上階梯往鴻福風坑，再沿著原為「輕便車道」的小徑來到鴻福本斜坑。接著沿小坡道下

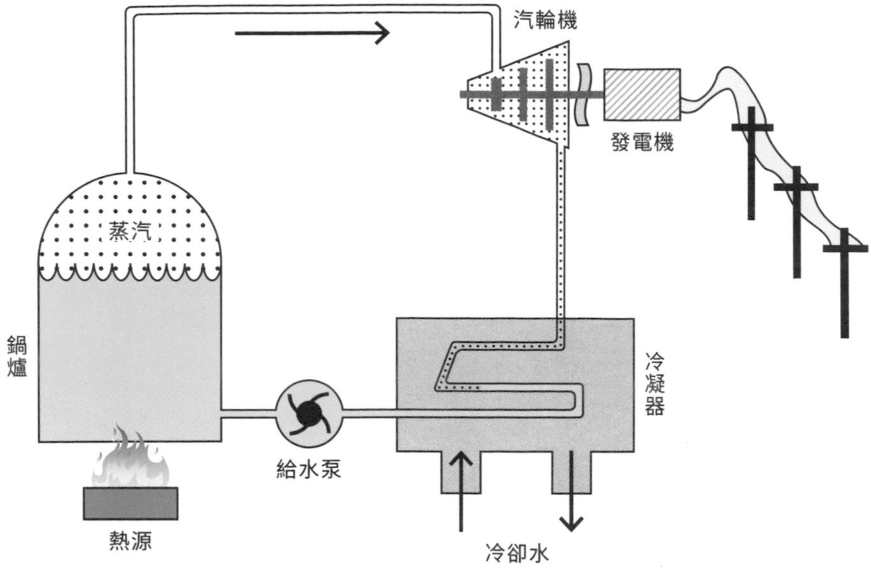

傳統火力發電簡圖

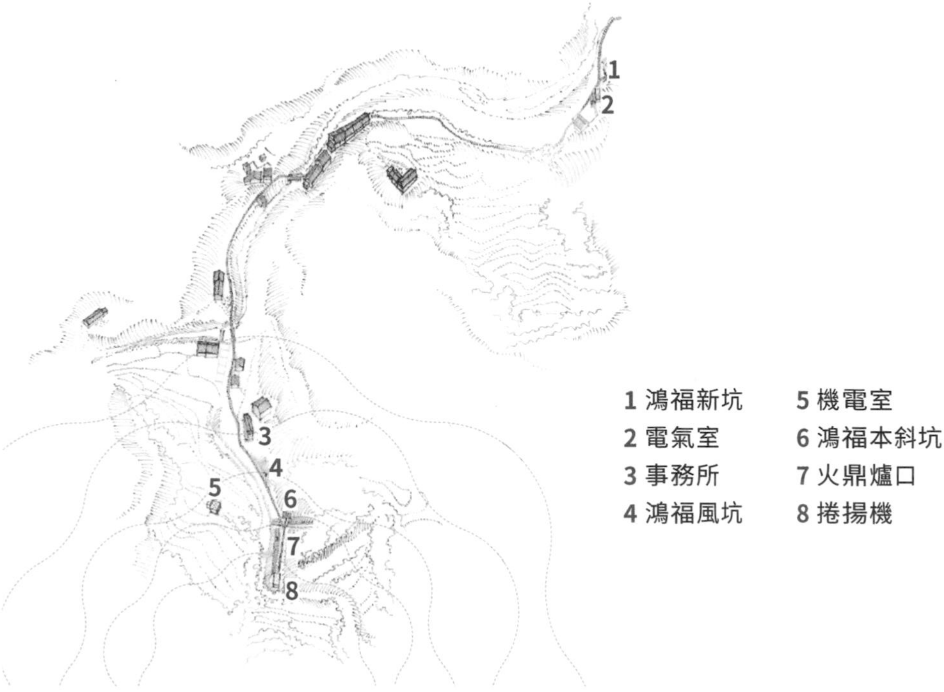

大東（鴻福）地面手繪圖（高筱婷繪）

行探訪火鼎爐口遺址，高添福說明火鼎爐的所有設備在礦場收坑後即被拆除販售，因此現地僅剩長滿雜草的荒地，令人十分惋惜。而在遺址一旁的山壁，是昔日火鼎爐的排煙孔（煙囪）所在，當年作法係開鑿石砌小洞，將排煙孔埋在土裡，再沿著山坡鋪設到山頂排放燃煙。在火鼎爐遺址旁，當時架設了捲揚機，位置剛好正對著本斜坑口。

遺址巡禮來到最後，沿著天車間和主斜坑下方的輕便車路回程，遠望對面山坡上的磚造房舍，那是當年的機電室，當火鼎爐產生電力後，即輸電至此進行調變電壓，接著再分配電力轉與捲揚機和風壓機等設備使用。

高添福說早先使用小爐時，一天只要四到六台車的煤就足夠，後來不敷使用改建較大的雙爐，則約需十六台車的煤。儘管最初是因地處偏遠無法配電，才選擇自主火力發電；但相對於使用電廠供電，這項不得已的選擇確是較為經濟的。

遺址巡禮之後，令人不禁感嘆：大東（鴻福）煤礦是少數仍保有良好外觀與遺跡的礦區，或許是因地處偏遠山區，或許是因礦區屬於私產，尋常外人不便深入。儘管如此，遺址總是難敵歲月摧折，若幸得相關單位加以規劃整修，相信能為平溪煤鄉多添一處文史觀光據點。

炸山開挖「菁十公路」

時序再拉回到謝連生當「小頭」當時。

不幸的是，謝連生去木山煤礦（時已改組稱「順隆煤礦」）上工才約兩年，礦方就因周轉不靈而於一九六一年停工。所幸天無絕人之路，謝連生轉投恰與「木山」隔著竿蓁林溪對望的

高添福（前）引眾人探訪大東（鴻福）煤礦火鼎爐遺址。
（朱健炫攝，2019）

大東（鴻福）煤礦本坑坑口遺跡
（朱健炫攝，2019）

大東（鴻福）煤礦天車間遺跡
（朱健炫攝，2019）

「台和炭礦」。一到台和，他憑藉一身工夫，馬上就拿到二斜的一個「片道」。他說，最福氣的是「離家很近！」

為什麼離家很近是最福氣的事？

因為處於深山中的大東煤礦，對外運輸甚是艱困！什麼平菁公路、平十公路、一〇六號道路、北四三線紫東產業道路……至少在一九八〇（民國六十九）年前，這些路名在地圖上是找不到的。謝連生謂，自日治開坑始，大東只能自己拉一條由礦區蜿蜒到嶺腳車站的輕便車道，全長約七．二公里，以便將煤產搬運出去。

謝連生說，他推過這條路的煤車，重車出大東往嶺腳時，由於下坡路多，推起來較輕鬆，去程約一個多鐘頭即可；等卸完煤回程變上坡路，雖是空車，反而要花一個半鐘頭。或許，這就是貧瘠深山礦場的宿命吧。

位於今日「紫東產業道路」旁的台和煤礦與隔鄰的木山煤礦，雖也有相同的困境，但其到嶺腳車站或平溪車站則相對少了大東近一半路程。畢竟自石底（平溪）走到台和或木山，其距離僅有走到大東的三分之一強，不到半小時就解決。

話說一九五九（民國四十八）年大東改組，謝連生便轉到木山煤礦包工，他最大理由便是「交通問題」。而木山改組他再轉進台和，原因亦然。當時謝連生可以沿著平溪車站至台和煤礦的煤業台車道，漫步上工。不像到大東煤礦必須提早一小時出門。

再回望當時的平溪，東西向從菁桐到十分寮，南北向從嶺腳到東勢格、火燒寮，在一九七〇年菁十公路（菁桐—十分寮）還未打通之前，交通動脈就只賴西邊的雙菁公路（菁桐村至石

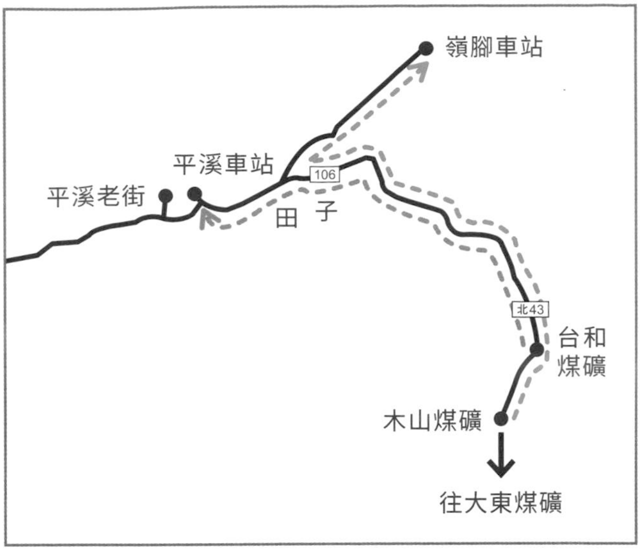

大東煤礦與木山煤礦至嶺腳車站儲煤場之台車道路徑

碇雙溪口）和東邊的瑞平公路（瑞芳鎮至十分村）。而這兩條所謂的「公路」，據楊錦聰追憶，「其實也就是八、九米寬的碎石子路！」

楊錦聰說，一九六〇年代中期，政府雷厲風行實施「有人就有路，有人就有電」政策，各鄉鎮都忙著造橋鋪路。當時臺北縣政府與平溪鄉公所也配合時勢，於一九六六年瑞平公路完工後，想一鼓作氣打通菁桐至十分寮的交通斷點，而確定了「菁十公路」（中心道路）的開挖鋪設。

關於這條公路的開挖，謝連生回憶說，這對影響範圍所及的竿蓁林溪及上游火燒寮溪沿岸的台和與大東（當時順隆已停產）兩個礦場，造成翻天覆地的大震動！

因為在開闢道路期間，全線的路基和山嶺會被爆破剷除，礦場的煤產出貨也將因此中斷。謝連生說，這事非同小可，不僅礦場緊張，政府相關礦務機關也不敢輕忽。由於礦場是生產事業，一停工，工人便沒有飯吃，家裡還有一群人要養；所以礦方僅能繼續挖掘，而採掘出來的煤，就只好先囤積起來，等以後路開通了，貨可

楊錦聰娓娓道來菁十公路（中心道路）開通的情形。（朱健炫攝，2019，平溪菁桐）

以運出時再賣。

然而，這問題就來了。每天一開工，器材、管銷、工資……處處都要錢，而煤產又無法運出換錢，怎麼辦？有人受不了就向政府呼求。再則，煤挖出來要有地方儲放，大東的腹地大，不用愁；但台和的空地小，儲煤成了很大的麻煩！

結果，謝連生笑著說，路從菁桐一路開來，到了「田子」（平溪和嶺腳間）的台車道吊橋前，遭五、六十名礦工和鄉民給擋了下來。工程整個被迫停頓，僵持局面長達數月。最後是由官方、礦方與小頭們三面達成協議。謝連生說，政府先按礦方估算，撥錢預借給礦方，礦方在造路無法出貨期間，先付小頭們一半工資，另一半由公所代墊；待公路完成、礦方出貨後，再將所得歸還公所代墊部分。

回憶當年，身為三方之一的小頭謝連生笑笑嘆了口氣：「大家都能體諒，各讓一步。」當條件談妥，由於有出貨時間壓力，縣府要求快速動工。謝連生說，復工後進度果然神速！他目擊當時為了炸山，施工單位用了一大串的炸藥，數量之多，他看了都嚇一跳。然後從電線桿上面直接鉤拉電源引爆，一時震耳欲聾，大地猛然上下劇烈震跳，整座山頓時塌下來！

他說，這時重型工具包括挖土機迅速前進加入開挖，很快就劏出一條道路，清除廢土和棄石後，路便成形了。

於是，這條穿過平溪鄉心臟地帶的道路，終在民國五十九年完工。

運煤台車變卡車

「菁十公路」的開通，有利於改善當地交通；但對於竿蓁林溪的兩大礦場其實幫助不大。煤產的運輸依然靠台車，經台車道推往臺鐵的平溪站和嶺腳站運出。

因此，平溪的南北交通，從菁桐至十分寮公路（今靜安路）上「白鷺石」，一直到火燒寮之間甚至到坪林，當時除了鄉（山）間小徑和輕便車道外，什麼都沒有。

吳金池回憶，一九七九年妹妹回來結婚，當時整個紫來到東勢格，對外出入只有靠運煤的台車道（輕便車道）和其旁的「保甲路」（日治時期為實施保甲制度，將原本狹隘的路面拓寬，以利馬匹入山治理稱之；一般多沿溪流而建）。一直要到一九八〇至八二年「紫東產業道路」第一期完工開通，才見汽車行走。

據《平溪鄉誌》載：「紫東產業道路由東勢村紫來橋沿竿蓁溪而上，越火燒寮山達坪林。」紫來橋即位於今一〇六號道（靜安路三段）白鷺石轉進紫東產業道路的第一小橋，就位於當年「嶺腳村」和「東勢村」的交界。

有了菁十公路開挖的前車之鑑，從縣政府、鄉公所以至礦場業者都有了處理經驗，並了解如何協調和配合。約兩年後第一期工程完成，終於台車道不見了，台和和大東趁此改成卡車載運。不過因大東位於火燒寮深山內，所以礦場到東勢橋一段仍需靠台車推運，而後道路才延伸至紫東三號橋。一直到一九九二年，原為大東（後改名鴻福）台車道的番子坑路拓寬變成「番子坑農路」（隔年完工），才拆除鐵軌改鋪柏油；但改名為鴻福的大東卻在一九九四年就結束了！

平溪水庫興建攻防戰

在訪談中，謝連生提及二〇〇八年水利署曾試圖在竿蓁林溪蓋「平溪水庫」的往事。後續訪談時，幾位台和與大東的老礦工對此事都有著難以隱忍的怒氣。尤其吳金池與楊錦聰更是當年反對興建陣營自救會的核心人物。

謝連生說，最初風聞平溪被選中，要在東勢村蓋水庫，大家原本都半信半疑。直到有一天他看到幾輛車載來一群人，他數了一數共二十一人，一夥人不吭一聲就私自進入台和礦場。他見狀馬上跟幾位同僚過去問對方要幹什麼。對方起先還支支吾吾，後來才說是水利署派來做水庫測量探勘的。眼前這群人並未獲礦方允許進入，最終被謝連生跟同僚們趕走。

而事情也就這樣爆開了。

同樣在那段時間，吳金池說有天晚上，他從咖啡

浩浩蕩蕩的迎娶和聘禮隊伍，沿保甲路前行。（吳金池提供，1979，平溪紫來台和煤礦）

吳金池妹妹坐的花轎，走的是台車道旁的保甲路。（吳金池提供，1979，平溪紫來台和煤礦）

館往下看到溪面有數個人影在動，他以為是來盜魚的，就趨前勸說這溪是禁漁區，是禁止釣魚捕魚的。這幾個人竟然回答，他們不是來捕魚，是來做水庫勘查的。把他們勸走後，吳金池憂心忡忡，接連幾夜無法闔眼！

台車道不見了，台和趁此改成卡車載運。
（朱健炫攝，1986，平溪紫來台和煤礦）

迎娶隊伍的女士不想走路改坐台車。
（吳金池提供，1979，平溪紫來台和煤礦）

不久村長也聽到消息，村裡開始開會討論對策，在村長集合平溪導覽協會、平溪環保協會共同合作下，開始了保護家園和生態環境的自救活動。

接著，平溪水庫案被檯面化，媒體相繼報導。二〇〇八年九月十一日《中國時報》北縣報導：經濟部水利署為因應基隆用水逐年增加，計畫在基隆河上游，北縣平溪鄉竿蓁林溪興建平溪水庫。平溪鄉代會主席李周秀琴怒指水庫一旦動工，十分、嶺腳瀑布恐因基隆河水量驟減而消失，她揚言要發動鄉民抗爭，捍衛家園。

而事情演變是水利署在隔年八月於瑞芳國小舉辦了一場座談會，座談議題：「從平溪水庫規劃與建談水資源利用問題」。官方首先說明，自一九八一年至一九九〇年做了水資源調查並完成平溪水庫調查規劃，共遴選三處壩址，經評估以平溪最適合興建水庫。後於二〇〇七至二〇〇八年完成兩份報告，針對水文、環境及地質等基本資料進行調查。二〇〇九年延續先前調查規劃成果，並釐清淹沒區內煤礦坑對水庫開發之影響，若調查結果顯示煤礦坑無法完全封堵，興建之規劃案亦待考量。官方公開了蓋建水庫的理由和可能淹沒的區域和範圍。

座談會中的攻防自不待說，自此，事件的發展已造成整個平溪鄉的震撼。

建水庫，平溪將陷絕境

楊錦聰說，平溪最有名的就是放天燈，一旦平溪水庫蓋起來，當地變成水源區，天燈將被禁止，這對平溪的觀光收益影響極大！而平溪線鐵路是平溪的命脈，有無考慮到鐵路的規模亦可能因此縮小？再說到十分大瀑布的水源部分來自竿蓁林溪，若該溪上游建為水庫，那麼瀑布

反建平溪水庫之文宣（正反面）
（吳金池提供）

的水源將被水庫攔走，瀑布水量會變很少，大瀑布將變成小瀑布，肯定對觀光又是一大打擊！

此外，竿蓁林溪的生態環境是臺灣藍鵲的樂園，假若要迎來水庫，那勢必要送走藍鵲。

曾經飼育過藍鵲雛鳥後放生的吳金池，對藍鵲的用情特深，他甚至將自己的咖啡館取名「藍鵲」。如今忽然有人要來蓋水庫，這行徑無異在毀滅藍鵲的棲息地。

吳金池拿出當年的反水庫文宣，一一數落官方的無理！

他說，官方的報告竟然說這裡岩層堅硬無順向坡，其實根本不了解狀況。水淹區裡很多岩壁都是脆弱的風化岩，一剝就落，一旦經過水淹長時間侵蝕，那對水庫的危害是巨大的。

從他的「藍鵲咖啡館」外望，靜謐的竿蓁林溪正斜臥於一片翠綠山谷中，伴著輕風山嵐以及不時造訪的藍鵲和松鼠。吳金池說，當年官方若一意孤行，則如此的好山好水將葬身水中，破壞生態何止巨大！

身為礦工之子，吳金池對父親曾工作過的台和煤礦有很深的感情。他直言，台和地底的斜坑片道與四周的礦場相通，最遠可達猴硐與三貂嶺。一旦水漫台和，將直灌瑞芳！而儘管官方口口聲聲說可以科技處理礦坑相通問題，但他們有無考慮萬一地震，加上東勢村位處斷層帶，難保水不從震裂的坑道隙縫滲入四竄，那，水庫還會安全嗎？

台和煤礦的地底乾坤

談到平溪鄉礦場地底坑道四通八達，全平溪的人都瞭若指掌。

據林再生編撰《平溪鄉煤礦史》載，平溪地區屬基隆煤田之石底層，幾乎分布於全鄉

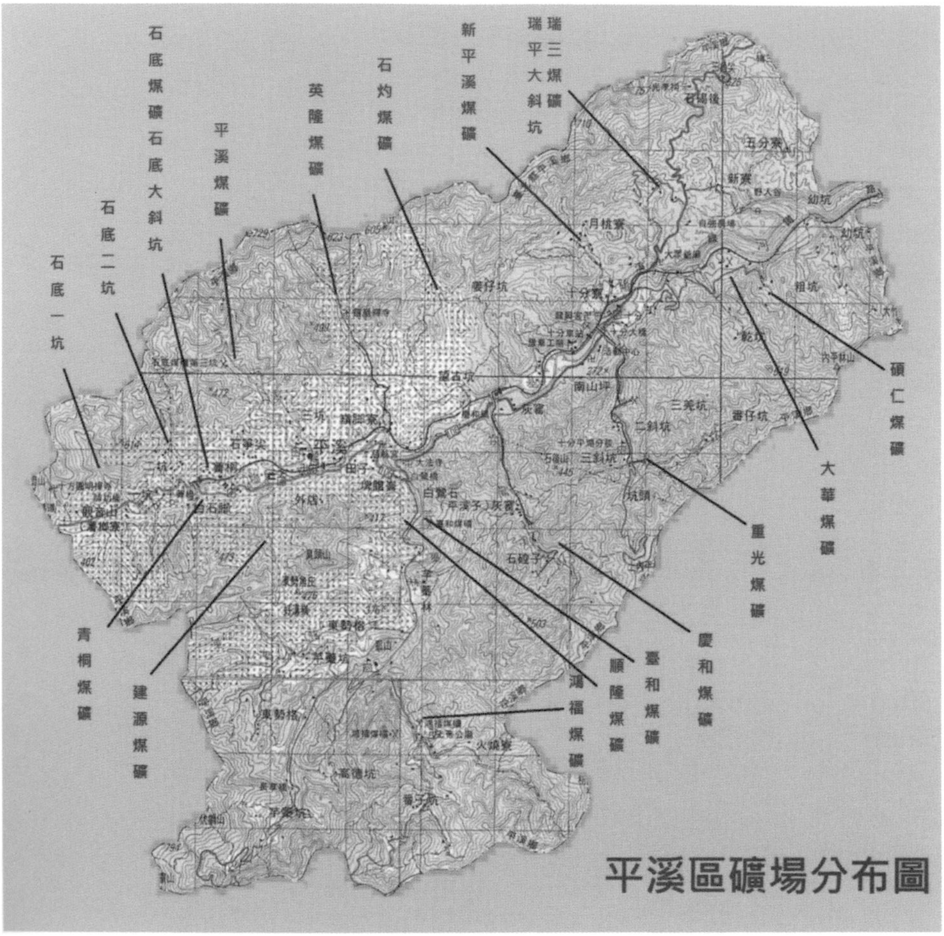

平溪區礦場分布圖，足見平溪鄉礦場地底坑道四通八達。
(張偉郎繪)

潘延漢（右）向筆者（左）說明整個平溪地下的坑道都是相通的。（朱健炫攝，2019，平溪紫來藍鵲咖啡）

（區），通稱為菁桐坑煤田。以石底向斜軸為界，可依地質、構造再細分成西北翼的菁桐坑煤帶及東南翼的十分寮煤帶，還有牡丹坑的牡丹坑煤帶。

竿蓁林溪之番子坑、火燒寮都屬十分寮煤帶，此煤帶除了台和、木山（順隆）和大東（鴻福）三礦外，還包括慶和、重光（三功）、大華和碩仁等礦。

吳金池說，基隆河以南（其實是石底向斜軸以南）的煤礦，它們的地底下都是相通的！他當時為了拿到各礦的坑道圖而想盡辦法，後來拜託九份的朋友才拿到，目的就是要讓官方了解他們是錯的。

吳金池的好友潘延漢在接受訪談時也證實，他在台和中央坑五片道採挖「三沿」（第三層，臺語沿 iân 同「層」）煤時，竟然挖到重光的地盤裡，原來在地下煤脈都是相通的！

潘延漢是平溪在地人，二十二歲當兵回來後，因為務農收入不好，又正值當時平溪煤業大興，在結拜大哥邀約下，於一九六九年投入煤礦工作；他記得，那時「作山」（務農）一天才二、三十元，而「作炭」（礦工）一天可以有五、六十元，所以他拿到勞保就進坑了。先是在大東「作石」（掘進），後轉採煤、升師傅。大東待了約兩年，後改到台和當小頭達二十多年。在台和，潘延漢一直都待在「中央斜坑」，他很熱心地說明坑內狀況，包括進坑是平水，約八百公尺接斜坑，哪裡是天車間，哪裡片道是往上，在哪裡折彎……重點是中央坑跟二斜都只挖到五片道就停住了，他說，因為再挖下去就挖到臺陽的坑道！

運命相連的地下網路

同樣身為小頭，也在台和待了二十多年的謝連生，早先是在本坑做，後來因為河溝漲水，倒灌進坑裡，結果有四名礦工不及逃生，礦方把人抬出後宣布本坑收掉，另開二斜。謝連生說，二斜開三平（實指第四片道，礦場忌諱稱「四」）後，再開又卸（即二斜卸底側再開一卸），結果發現二斜坑的煤脈竟然與本坑相通！

謝連生笑著說，二斜本身通灰窯子、石硿子（慶和煤礦所在），通重光；二斜也通木山，其實煤層都是同一條，皆有礦圖為憑。他強調雖然相通，但大家有契約，不能越界偷挖。這區是你的，就只能挖這一區；那區是別人的，就不能盜拿。其中最重要的，岩層都含水，因此剪矸（編按：礦工用語，指用機具「剪」開可能潛藏煤脈的外層石壁，以尋求煤面）會出水；自己出水要自己排出坑口，不能流到別礦的坑道裡，別人的也不能流到你的坑道裡。

謝連生再補充，石硿子通重光，重光通「三通子口」，通「水泥」（指「碩仁煤礦」，因為該礦是由臺陽與台泥合辦，營運權為台泥），他們的煤脈都是同一條。

真相越來越清楚，這些礦的地下坑道是相連相通的！

後來，水利署要來蓋水庫，謝連生就問他們，你這樣會牢水（臺語音：tiâu-tsuí，意為：留住水）嗎？他們說，會啊！謝連生說地下的坑道都是相通的，水怎麼留得住？水利署的人還在懷疑，謝連生要他們去礦物局，那裡都有圖，可以查。

其實，這種地下密集網路的建立，跟這些礦場一開始本就屬於臺陽煤業有極大之關係。打從日治時期臺陽就以「合辦」方式與外人共同經營礦區，再加上各礦區「合併施業」之頻繁，即令後來都各自分出為獨立的礦場，但單從地質的觀點論，那本就是同一塊煤田的同一條煤脈，無論各自再怎麼挖，也不保證你的坑道不會與他的撞在一起。石底向斜軸的南北兩翼都一樣。

這好有一比：整個平溪就像一個「臺陽煤業聯邦大帝國」，境內的各礦場幾乎沒有一家跟臺陽毫無血脈關係，就連地下的煤脈也一樣！

試問：這樣錯綜複雜的地底環境，還能蓋水庫嗎？還想蓋水庫嗎？

幸好十年一晃而過，官方民間再也沒人提及興建平溪水庫的事。

用影像記憶台和煤礦

眺望竿蓁林溪對岸的蒼翠台地，俯瞰藍碧交纏的汩汩溪澗，不禁懷念起四十年前流連於台和吊橋邊獵攝的點點滴滴……

總是臨屆仲秋前後，溪壑澗水邊一季間綴滿簇簇芒花，渲白了整片幽谷！觀景窗裡盡見煤車共菅芒齊飛，台車在吊橋上忽而呼嘯、忽而低吼，那已不僅僅止於「空靈」意境，在一幕幕凌雲御風疾馳中，令人不經意間也遁入「飄逸」的神采裡沉醉……在在都誘引筆者流連於快門聲中，久久忘了歸時！

台和的坑外景觀除了有名的「台和吊橋」外，還有橫跨竿蓁林溪上的一座鐵架木橋。依傍著基隆河支流竿蓁林溪峽谷而建的台和煤礦，它的第二斜坑適好就位於礦場對岸的產業道路下，因此一出坑口即面面對著竿蓁林溪而與礦場遙遙相望！礦方終究不得不在深邃的溪壑上跨掛木橋，再以捲揚機將礦車拉回礦場的選洗煤場。精彩的是一旦渡河後，輕便車道馬上要面對一個近乎四十五度陡坡的仰攻！每每佇立產業道路畔，俯看煤車出坑，隨後悠悠渡河，再緩緩拉爬斜坡而上，那一景一幕，在在令人神醉，也在在令人狠殺底片猶不悔！

日暮之際，滿心愉悅地告別竿蓁林溪畔諸多好友，心裡有著深深的感動……

自忖「攝影」真正的目的是什麼？或者說，「紀實攝影」作為藝術與歷史的合體，在過往的人事時地物之灰飛煙滅中，試圖喚回一丁點無價的記憶，身為攝影人，何不讓影像說說它們曾有過的故事？

訪問日期：

(1) 二〇一九年十二月九日

(2) 二〇二〇年二月六日

訪問地點：

(1) 平溪火燒寮大東礦場舊址

(2) 新北市平溪老街謝宅

逆光下的台和吊橋，晶瑩剔透的芒花襯出了奔馳而過的煤車，
金陽輕灑間，女工矯健的身影與煤車融合於天地之交。
（朱健炫攝，1987）

女礦工腳上綁有綁腿，作用是在防水及防煤屑掉入靴內，
這是台和煤礦女工特有的裝備。
（朱健炫攝，1986，平溪紫來台和煤礦）

吊橋和軌道交互勾勒的線條，引導視線成透視線構圖，讓畫面更具立體感。除了得以明白環境的整體樣貌，也強化了女礦工推著空車所產生視覺上的力道。天空雲彩及軌道的幾何區塊、超廣角鏡頭的畫面扭曲特性，讓吊橋與礦車的張力得以凸顯。（朱健炫攝，1986，平溪紫來台和煤礦）

那年頭空拍機尚未發明，攝影者需要尋找高處，或是自行攜帶高梯，有時候拍攝處毫無防護柵欄，一不小心會有失足風險。照片主體為台和橋，框好景等待礦工將礦車運送到畫面下方時釋放快門。
（朱健炫攝，1986，平溪紫來台和煤礦）

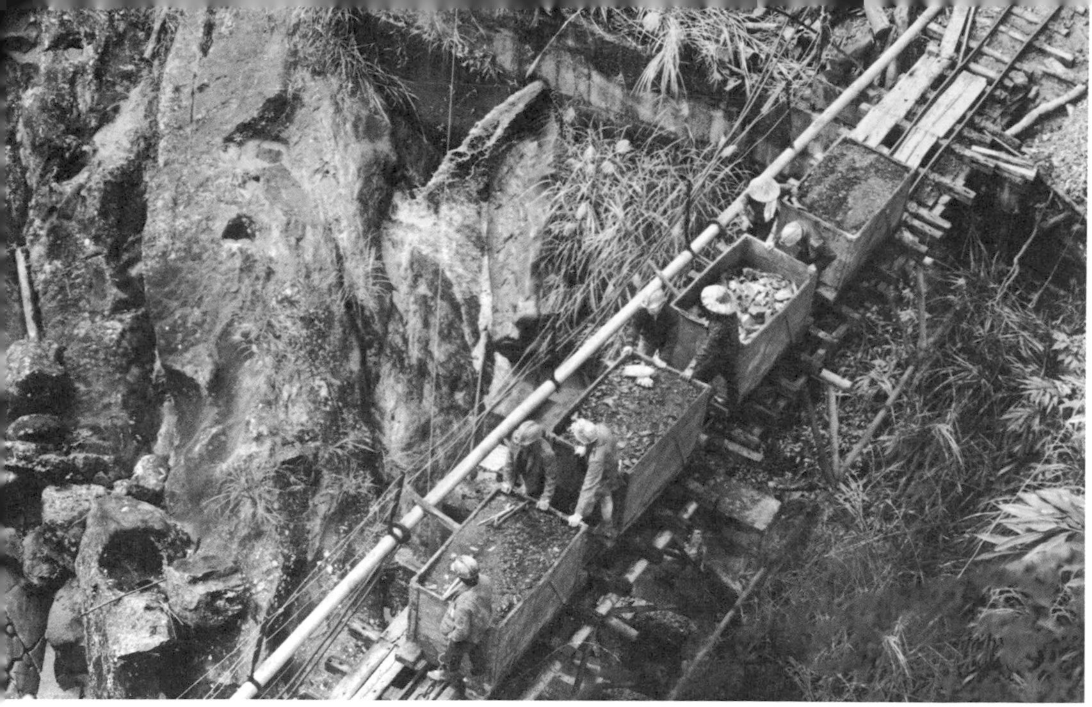

鳥瞰竿蓁林溪谷上木橋，只見汩汩溪水斜切橋下而過，礦車緩緩越過溪壑，
潺潺的水鳴聲，伴著天車鋼索鏗鏘的音韻，在寂寥的空谷中，添一縷詩情！
（朱健炫攝，1986，平溪紫來台和煤礦）

背景為捨石場，淙淙溪流襯托，唯見礦車甫拉出坑口隨即上橋渡河，
工人們悠哉地坐在車上，留下彌足珍貴的紀實影像。
（朱健炫攝，1986，平溪紫來台和煤礦）

重車一旦渡河後，馬上要面對一個近乎四十五度陡坡的仰攻。每每佇立產業道路畔，俯看煤車出坑，隨後悠悠渡河，再緩緩拉爬斜坡而上，那一景一幕，在在令人神醉。
（朱健炫攝，1986，平溪紫來台和煤礦）

第二部分

默默撐起煤業半邊天

女性與礦場應是截然不同世界，實則不然
不僅要出班下坑拚搏，還要為一家生活張羅
她們是職場與家庭最堅實的支撐與後盾

04 穿梭礦區拚搏的女性身影

這是一件非常奇妙的「偶然」！

二〇一七年，前作《礦工謳歌》緊鑼密鼓預備付梓前，在整理圖照時，有一套系列組合作品「歸途」：描述一位下工的女性礦工，艱辛地扛著一袋撿拾好的煤場棄物，踽踽穿越礦區鐵道小徑，緩緩踏上歸家之途……這套照片適好被前新平溪煤礦礦長，也是前瑞三安全監督、資深煤礦人周朝南看見，他驚喜地指著照片說：「這是我母親！」

乍聽其言，不禁令人萬分訝異！更覺因緣不可思議！

同年十二月，《礦工謳歌》出版，該組作於書裡圖片說明是如此描述：

許多女工在辛勞一天後，常會撿拾一些礦區裡的木材和煤炭，然後打成一大包回家。

看到她時，我正站在水泥橋上，遠遠地目迎著她的走來……那蹒跚的步履，踽踽

「歸途」系列作品中的女性礦工。這兩幀照片收錄於《礦工謳歌》。
（朱健炫攝，1985，瑞芳猴硐瑞三煤礦）

地穿過星羅棋布的礦區鐵道，再逐步爬上這個小緩斜坡的水泥橋，然後慢行而下工寮間的街衢。這些當時的工寮，滄海桑田之間，現在則多改建成一棟棟的小商店。

我目送著她漸行漸遠的身影，悄悄消失於街的另一端。在那年頭，底層勞工的生活和際遇，總是社會在轉型變遷中的一個痛！

原擬配合公視報導煤業生態，計畫採訪周朝南礦長時，順便也為其母親做專訪。遺憾當天她恰好跟朋友遠遊，因此失之交臂，心想：「以後再來！」奈何就在二〇一八年五月，驚聞她往生的噩耗！當下只覺萬分的震驚、難過和不捨，後悔未及早把握機會為她留下人間一遭的吉光片羽，讓她生平事蹟得以供後人追思懷念。但事後轉念，幸好，在她的青壯年代，有幸為她記錄了如人生縮影般辛勞身軀的影跡，也堪告慰於她！

撿拾，為了貼補家用

周媽媽，本姓張，因冠夫姓，全名周張謹。一九二六年（時臺灣為日治大正十五年）生。一九五一年，正值青春年華的她，嫁給了在猴硐瑞三當礦工的周爸爸。緣於夫唱婦隨傳統，也為幫補家計，認命的她跟著丈夫進坑做活。

自來，臺灣社會並沒有女人不得進入礦坑的禁忌，至少在一九六四年之前，猴硐瑞三煤礦

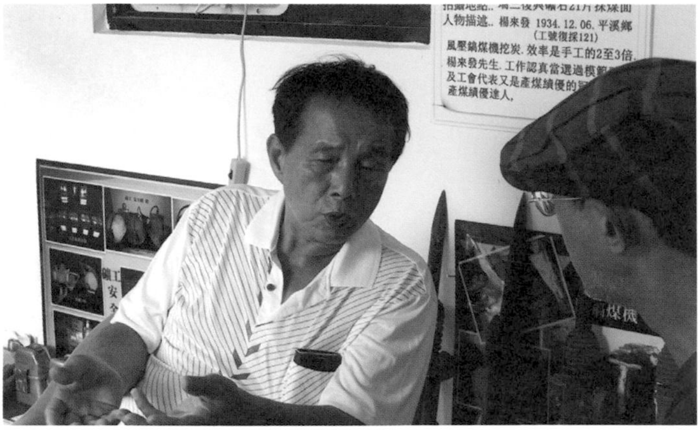

前瑞三安全監督、資深煤礦人周朝南，現為猴硐礦工文物館館長，向筆者敘述母親辛勞一生的女礦工生涯。
（朱健炫攝，2019，瑞芳猴硐瑞三煤礦）

的婦女為增加家庭收入，無視坑內難以預知的高度風險，搏命於暗黑悶熱的煤巷片道之間，即是明證。

「我的母親是個很勤奮的人。」周朝南說：「早年做礦工時，在坑裡，白天當二手做完工作，晚上如果要她加班，她就加班。」他補充道：「只要有錢賺，她就做。」

然而到了一九六四年（民國五十三年），政府鑑於女工進坑安全堪慮，加上夫妻同坑一旦發生災變，恐孩子瞬間失去恃怙，反成為社會問題和負擔，基於人道理由，下令禁止女性礦工從事坑內工作。

政府的立意固然良善，但現實裡，坑底第一線礦工的收入較之坑外，其差距至少在四倍以上，對一個底層貧寒的家庭而言，少了份坑內優渥的收入，不啻是極大的打擊。

周朝南說：「民國五十三年以後，母親坑裡不能做，只好在坑外『摒路尾』。」「摒路尾」是臺語，摒 piànn，是清理之意。所謂「摒路尾」就是在「捨石場」從事倒石碴的工作。他進一步說明：「摒路尾就是『摒石仔』，摒石仔有『金』可以撿，有柴可以撿。」這句翻成大白話就是：倒石碴時，周媽媽看到石碴裡有煤炭就撿起來，看到「改修」（支撐坑道施作）

女礦工周張謹
（周朝南攝，2008，
平溪菁桐煤礦）

用壞掉的木柴也撿起來。「煤炭她就拿去燒，燒到變がら（音gara），がら就是熟炭（煤）。」簡言之，除了「摒石仔」掙一份工資，還趁便撿拾煤炭渣和木柴，另闢財源。

把「生煤」變「熟煤」

周朝南的說法是：將煤炭一直燒，燒到（煙）過了，將它給蔭熟，就成了無煙的熟炭。「熟炭拿到家裡煮飯，因為沒有煙。像麵店啦，早期沒有瓦斯，也沒有電鍋，煮飯都去撿gara來燒，不會有煙。」他說明：「在山上撿炭，如果揹煤炭（生煤）一百斤，變成熟煤後，會剩下七十斤。」減量後，要從捨石場打包扛下山較容易。「所以，她（母親）撿完煤後，會在捨石場旁邊弄一個窯，將生煤燒成熟煤。」生炭要將它引燃，讓它燒起來冒大煙，當燒到煙都沒了，再把它蔭蓋起來，等火滅了成為無煙的熟炭，就可以拿去賣。

「另外一種，是把撿來的木柴集中一起，挖一個窟窿（放進去），就像早期『燒火炭』的方式，把它引燃後再覆蓋，再悶個兩、三天之後，沒煙了，就把出火口堵掉……然後，木柴就會變成木炭。」他解釋說，木柴本身賣不了多少

「摒路尾」就是在「捨石場」從事倒石碴的工作。
（朱健炫攝，1987，平溪紫來台和煤礦）

錢，但燒成木炭後就值錢了。所以重點是把木柴變木炭，把生煤變熟煤，才有價值。

「下班，大家都回去了，她還要揹一大袋回家。」周朝南說：「那些炭家裡都燒不完，她就揹到瑞芳去賣，換點微薄的錢回家貼用。」他眼角閃著淚光說道：「可見我母親多勤奮！……全世界大概我母親最拚命了！有錢賺她就去，做到無日無夜，做到不知民國幾年……」

這是人子對逝去母親的無盡追憶，也充分反映晦暗的終戰前後年代，臺灣底層社會幾乎掙扎於貧窮線下。每個食指浩繁的家庭，大家都必須拚命追錢（不是賺錢），為一家人明天的三餐日以繼夜地賣力工作。

女人入坑是禁忌？

一直有個以訛傳訛的禁忌傳說：女人進礦坑會如何如何。實則，女性礦工進坑，是早在日治時代就留下來的慣例；即令臺灣光復後也一直都沒改變。雖說日治時代無相關法規可管，其實一九三六年制定的《中華民國礦場法》（後於一九八六年十二月二十四日公布廢止；由「礦業法」及「礦場安全法」取代）早就明訂：「女工及童工不得在坑內工作。」但事實呢？誠如筆者在其他相關著作或演講中一再重複提及：或許出於供需問題，對於童工與女工進坑，每個礦場從原本偷偷摸摸、不敢張揚，到後來則是公然為之、毫無遮掩。不容諱言，如此行徑也正顯現當時底層社會勞動條件不佳，貧窮家庭幾乎都為經濟和生活壓力所逼，就當時勞力市場而言，所謂女工、童工確有所需。因此，除了家庭的男丁不斷投入高危險行業以獲取較優渥收入，連婦女及兒童都無一倖免，最終不得不「鋌而走險」。而資方更趁此剝削，企圖以此壓抑工資來降低成本，變成惡性循環！

結論是：那年頭不分男女老少都進坑，哪來的禁忌不禁忌！

所以，筆者再一次強調：在瑞三煤礦，至少在一九六四年之前，女礦工搏命於片道、「挖掘尾」（烏龜尾，片道最深處，這裡空氣最稀薄，離坑口也最遠，礦工們稱之「烏龜尾」）已近乎常態，因為大家皆然。

她們撐起煤業半片天

「我媽媽當時二十幾歲吧？」周朝南想了想說：「應該沒有超過三十歲。」他後來補充，覺得時間約在民國四十年左右，就在他出生後沒幾年，母親就隨著父親進坑工作。

「本來是做二手，後來，做『改修』，她都懂；做『挖掘尾』（主要工作為埋炸藥、爆破，挖掘爆破後的石壁，還要一邊釘鐵軌，慢慢將坑道長度建立出來），也都會。」周朝南說：「民國五十年（筆者按：其實是五十三年）蔣（總統）夫人認為女人在坑裡工作太辛苦，萬一夫妻倆一起出事，小孩就沒人養育，所以就不讓婦女入坑。」自此，像周媽媽的女性礦工與坑內的工作揮別，也同時失去養家的基本收入來源。

「這是德政，但也是缺失。」周朝南感慨地說：「他們沒有考慮到一個貧窮家庭，禁止婦女入坑，整個家庭會癱瘓掉，經濟收入變成一大問題！」因為，「做坑內跟外面收入差很多！」問他：「有差到十倍嗎？」他說：「十倍是沒有，但不到一半，大概只剩三分之一！」

曾在坑內第一線衝鋒陷陣，當過領班、小頭、監督的周朝南，帶人無數，也識人無數。對於同樣的工作，他說：「其實，女礦工在坑內幹活比男礦工更讚！我常常誇獎……男礦工，你知道的，做一做，太辛苦了就耍脾氣，不情願做，常常工具一丟，不幹了！怠工。」這種事在女礦工身上不容易發生。「女人不會，她們認命、任勞任怨。沒有特殊狀況，交代她們事情，一定做到完才回去。」他堅定地說：「以礦工的角度來說，女礦工絕對比男礦工好用。」

周朝南以母親為例，他回想自己十七歲時也跟著父母入坑，三人在坑底辛苦了一天回家以後，他們父子兩人開始歇在客廳椅子上，蹺腳、泡茶、喝酒、閒聊。唯獨他母親一人不得閒，歇工後還要煮飯、洗衣、整理家務，還要幫小孩洗澡，一堆小孩……直到深夜方稍休息；第二天清晨四、五點隨即又要起床，準備六點出門趕時間入坑！

「所以，我們這些男人，要對女人好一點！她們是值得人尊敬的。」

女性入坑的年代

同樣年代的瑞三煤礦，女性入坑的情形可謂比比皆是！為更進一步了解當時女礦工入坑搏命的情形，透過周朝南約訪其堂嫂周方糖，她在兒子周登貴陪同下接受訪談。

周方糖本性方，一九三〇年出生，二十歲嫁給周朝南的堂哥後冠夫姓，婚後也同樣隨著丈夫入坑。

一介年輕瘦弱女子，為了家計，卻毅然投身採煤最前線，搏命於片道之間。即令一九六四年後被迫離開坑口，亦不得不從事「摒路尾」的工作。半輩子的辛勞，一直到一九九〇年瑞三

周朝南堂嫂周方糖，由她兒子周登貴陪同接受訪談。（朱健炫攝，2019，瑞芳猴硐瑞三煤礦）

收坑才停止，足足歷經四十年的女礦工生涯！

問何以一開始就進入坑內從事如此危險艱難的工作？她很乾脆地回答：「為了養孩子。」這幾乎是當年進坑的女礦工千篇一律的答案：因為生活所逼，所以拚命賺錢。

其實優渥的工資才是女礦工入坑的最大理由。即使同樣工作內容，男女的收入有著極大落差，但比起坑外工作的工資高多了，女工們還是不顧一切，也毫無怨言。

與周張謹相同，周方糖毫無例外亦從二手做起，接著「挖掘尾」的工作，後來升到頭手（師傅）。每天七點多與夫婿一起打點好入坑，於酷熱幽暗之煤屑石塵中，辛勤賣命至晚上九點多出坑，常常是兩番（兩班）一起做。

一九六四年，政府一聲令下，女工不准進坑，對所有坑內女礦工而言，不啻是一個霹靂似的重擊——對本人、對家計都是。

周方糖無奈地說：「那還能怎麼樣？」

周方糖離開坑道後，為了彌補家庭收入的缺洞，她真的是賣了命地什麼雜雜碎碎的工作都接，後來「復興坑」有一長片捨石場，那邊「摒石仔」的工作沒人敢耙，周方糖自告奮勇說：「無人敢耙，不然我老人家去耙啦！」旁人都勸她：「萬一妳摔下去怎麼辦？」她不放棄地說：「不會啦，你們不要那麼壞口舌。」自此，她一做便做到礦場收了為止。

從周方糖家可遙望前方隔著基隆河的那座捨石場，她詳述著礦車把石碴推過來傾倒後，她要負責把石堆耙平，再在上面繼續鋪鐵路，讓礦車把石碴再運過來，如此反覆地工作。她指著那座如今已長滿了草的捨石場說，結果溪流被石頭堆滿了，周方糖將之耙平後慢慢竟變成一條路。「溪流變成路!?」令人聽了大吃一驚。

這時，兒子周登貴接起話頭：「當時沒有環保概念，石頭就往溪底倒，慢慢累積，結果就變成一條路。」溪被填平變路，那溪水呢？不見了？還是改道了？周登貴很正經地說：「溪沒有改道，是變窄了！」

更讓人吃驚的是，周方糖這樣一個瘦弱的婦人，她就單獨地負責了從瑞三運煤橋一直到復興橋，近乎兩公里範圍的「摒路尾」工作！那種工作之繁重辛苦，一般都要三、四個女工共同為之，她卻一個人承擔了下來！

臨盆的那天，她們還在坑裡

事實上，至少在一九六四年女性禁入坑令以前，與周張謹、周方糖相同入坑工作的女性礦工，在瑞三大約就有近百名之多。這從夏潮聯合會網站上的口述歷史「女性礦工的訪談」裡，有關瑞三女礦工謝水琴的訪談口述可得到印證：「她說五三年時，蔣宋美齡要求政府下令禁止女人進入坑內，謝阿媽決定放棄礦坑工作回家顧孩子。同時有七十三名女工辭職，但是公司完全不肯發放補償金。她與其他女工與公司溝通，並且排班一個一個輪流向公司爭取。最後議員出面幫忙，上訴至法院後，也才爭取到了兩千多元的遣散費。」

可知當年「女礦工入坑禁令」下達時，瑞三有七十三名女礦工離職，她們幾乎全是坑內工作者。如果把周張謹、周方糖等仍然願意留下的人算進去，那時瑞三入坑的女礦工絕對近乎百人，甚至超過。

一般咸認女工在坑內都非常賣力，甚至到賣命的程度！但她們畢竟是女性，在身臨如是性命交關的粗活場域，總還是會存在一些女性特有的困擾，譬如月事、懷孕……另外，在酷熱的卸底，男礦工常「裸裎相見」，女性們該如何自處？

說到女礦工們遇到生理狀況時怎麼辦，周朝南非常嚴肅地舉例說：「不要說生理狀況，我弟弟少我十一歲，我母親要生我弟弟時……（像她）今晚要生我弟弟，她白天還在做事、做礦工！」他嘆了口氣：「做礦工有多粗重你是知道的，多辛苦你也是知道的……像我母親，臨盆了還到坑裡做事，古早的女礦工你看有多勤奮、多歹命、多敬業！」

就此問題問周方糖，她則是苦笑，說她們在坑裡工作，哪顧得到身體的狀況，拚了命時什麼都忘了，都不在乎了。她無奈地說，幾乎每個女礦工都一樣，不論是坑底或坑外，在那個年代大家都習以為常，即令有了身孕，照樣一直工作，工作到孩子快出生為止。

周方糖說：「孩子生完了，休息個十天半個月，認為身體可以了，還是回去工作！」她強調，為了多賺一點錢，每個女礦工都這樣！

同樣說法在前引「女性礦工的訪談」裡謝水琴口述亦可見：「謝阿媽原先做挖煤工、掘進工，坑內工作較粗重，但是薪水也較多。她生了十一個孩子，在懷孕期間，也要入坑，其中有幾個孩子是在出坑一、二個小時後就生出來。」

另外在同一出處呂太太的訪談口述也提到：「從十幾歲開始生了十二個小孩，死了三個，在坑內常做到旬月快生孩子時才休假，生完孩子後一個月又繼續做。我聞之訝異非常，豈不是非常危險？呂太太輕笑著數算有哪幾個孩子是在坑口附近接生的，為了龐大的家計收入，掙得一分是一分，哪能管什麼危不危險？」

即如本書前舉海山選煤場「篩仔腳」陳碧珠，也是懷孕到快生了還在輸送帶邊撿石頭，一直做到陣痛的那一天。

類似例子不勝枚舉，足見女性礦工在礦場，比男性礦工更多了一份辛酸和艱苦。

酷熱環境下的身心煎熬

誠如前述，在酷熱的「卸底」，男礦工常「裸裎相見」，那女礦工們要怎麼應對？

周朝南以母親為例：她在坑裡會穿一件無袖的背心，用格底花布（又叫臺灣布）縫製，下著穿短褲，褲管有鬆緊帶束著。當然在那樣惡劣的環境下，周朝南說：「背心一樣濕漉漉，但是男人能脫，她們不能脫！」他繼續說：「真正受不了了，她們就跑到有遮掩處，脫下來擰乾，再穿上，繼續工作。」

前引「女性礦工的訪談」裡呂太太口述也提到：「坑內熱，女工自行縫製內掛、穿短褲；男生著丁字掛，要是某個礦坑只有男性，男工就不著衣物。我問男女同坑，穿的少會不會不好

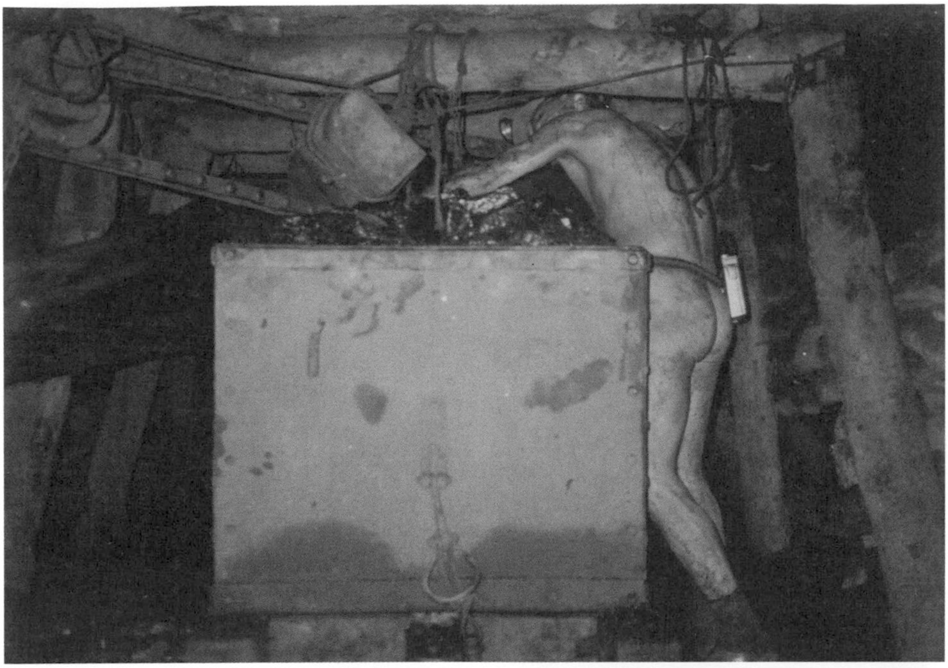

在酷熱的卸底，男礦工常「裸裎相見」。（周朝南提供，1980年代，瑞芳猴硐瑞三煤礦）

女礦工在坑裡會穿一件短或無袖的衣物，用格底花布縫製，下著穿短褲。在燠熱環境下，衣物一樣濕漉漉，她們會跑到遮掩處，脫下來擰乾，再穿上繼續工作。（周朝南提供，胡萬紫攝，1980 年代，瑞芳猴硐瑞三煤礦）

筆者謂女礦工：「她們勤奮卻不多言，默默撐起礦業半片天！」
周朝南反對：「什麼半片天，是整片天！」
(朱健炫攝，1986，平溪紫來台和煤礦)

意思，她直言：『在坑內就想著趕快做一做，工作都來不及了，誰想那些？』一般說到女性不宜入坑，往往是擔心坑內過熱，衣著太少，引發男女道德問題，但是當經濟壓力襲來，有多少人會在意？『我們這邊的女人都有入坑做，沒辦法要賺錢。』」

這都是一些現代婦女無法想像的過往實事。回首二十世紀前半，臺灣底層貧苦女性那種無比強韌的生命力，試圖在絕境中尋求出路所發揮出來的工作能量，是令人敬畏的！

歸納這群婦女勞動者（特別是女礦工）的基本信念：拚命工作賺錢，才是餵飽一家老少的唯一方式。她們坑裡去、坑裡來，幾乎都是本著這個價值觀。

深有所感地對周朝南說道：「無論演講或文宣，我一直給女礦工的評語是『她們勤奮卻不多言，默默撐起礦業半片天』！」

周朝南聞言立刻反對：「什麼半片天，是整片天！」

確然，聽聞幾位「礦工阿嬤」的當年勇，不得不嘆服，她們確實默默撐起了煤業的一片天！

訪問日期：

(1) 二〇一九年八月十四日

(2) 二〇一九年八月二十七日

訪問地點：

(1) 猴硐瑞三煤礦本坑坑口

(2) 猴硐礦工紀念館

05 悠晃山間的電車女駕駛

一九七五至七九年間，憧憬於平溪十分的礦區景致，在一次與電力礦車驚豔的邂逅中，迷上了新平溪煤礦的捨石山和穿梭於芒花叢中的電車頭「獨眼小僧」。

倏忽數十寒暑，歲月就這樣流淌而過。

二〇一六年八月，平溪十分「新平溪煤礦博物園區」與日本九州「田川石炭歷史博物館」合辦臺日礦業聯展，筆者應邀在新平溪煤礦博物園區展出礦工攝影展。同年十二月，於「菁桐礦業生活館」舉辦「礦場謳歌」攝影個展。

因為攝影展機緣，讓筆者再度造訪新平溪煤礦，訝然發現：當年縱橫煤鄉的電力礦車還在運行！而就在攝影展開幕茶會上，發現了開獨眼小僧的阿姨，請她確認照片中人「是妳嗎？」她不假思索地點點頭。

她的名字是——吳美霞。

美霞阿姨駕駛獨眼小僧，緩緩穿過盛開的菅芒花叢。
（朱健炫攝，1987，平溪十分新平溪煤礦）

再訪新平溪煤礦博物園區，與吳美霞有了新一次的訪談。
（朱健炫攝，2019）

開著獨眼小僧的女駕駛

匆匆一晤後，首次正式採訪吳美霞是在二〇一八年一月中旬的新平溪煤礦，雖僅短短十幾分鐘的電視採訪，但已令人對奔馳於煤石雜沓間的女礦工，有了更深一層的認識。

吳美霞駕駛的是「獨眼小僧」，那是礦用電力機關車頭之暱稱，前文已略提及。臺灣現僅存三部「獨眼小僧」已成國寶級，實物珍藏品目前屬「新平溪煤礦博物園區」所有。廠牌含二部日輪（Nichiyu），一部日立（Hitachi）；另有三部臺陽牌（臺陽仿照日系原裝車頭，自行在臺製造的山寨版）。

隔年七月，再訪吳美霞於已改名「新平溪煤礦博物園區」的舊地。猶如鄰家礦工阿嬤的她，娓娓述說著煤礦電車女駕駛的心頭點滴，和長年道不盡的辛酸及苦樂……

一九四九年生於雲林鄉間的吳美霞，在二十四歲的荳蔻年華，正式投身煤業職涯。而她所肩負的，是一項看似單調實則瑣碎的工作——煤礦電力機關車的駕駛員。

受訪時已年逾七十的吳美霞，身體仍十分健朗，外觀貌似五十歲婦人。但仔細算算，她已開了逾四十五年的電車，連她自己都直呼不簡單！

吳美霞進入新平溪約在一九七四年，初入公司就被派去學開電力機關車，並從此開啟影響她一生的職業生涯。原以為新平溪煤礦要到一九七五年石底大斜坑收坑後，才接收石底的電車系統。但吳美霞斬釘截鐵地說：她到新平溪時，就開始有電車了。「妳一開始就是開電車？妳那時就有電車了？」經過再次追問，吳美霞肯定地回答：「是啊！」

吳美霞回憶，應徵進入礦場後，礦方先派她駕駛日立製獨眼小僧，因為它馬力較日輪小，只能拉三至四節重車，不若日輪可拉至六節台車。因此日立當時係用來載運石碴至捨石山腳之往返。吳美霞當時年輕學習力強，駕駛不到一個月就上手了。

煤車與石車之分流

一個月後，吳美霞開車工夫已臻嫻熟，礦方改指派她駕駛日輪。此後，她負責在本坑前的「路門」（即「鐵道分岔口」），當鐵道由單線轉轍分流成雙線時，簡陋者多由工人以腳踢撥改道，具規模者則設「轉轍器」操控分流）接受由平水坑載運來之煤或石的重車。等她開到下一個「路門」時，由隨車工迅速「拈鍊子」（liamˋ-liān-á，即拔掉台車連結環的插銷），以便煤炭車、石碴車分流。

吳美霞指著每條軌道說明石、炭車分流和重、輕（空）車分流的重要性。從「路門」分岔轉轍分流開始，每條鐵軌各有所司：煤炭重車軌道，直向選洗煤場。石碴重車軌道，則開往捨石山。煤炭或石碴空車軌道，將返經路門再進電車大巷，到斜坑口交換重車。

問她：「開電車時，這樣一天要跑幾趟？」吳美霞輕鬆地回答：「那時候有一、二番時，總共連拉煤炭，還有從外面拉石頭進來，一共四、五趟吧，大概是這樣。」

春夏間的山城煤鄉，早晚溫差是很大的。吳美霞說，每天一早七點不到，冷颼颼的氣溫下，礦工們就已陸續上工，她必須在七點駕駛「時間車」載人進坑。約到八點，再從坑裡將煤炭運出來，拉到現在月台邊「摒炭的所在」（臺語），這幾乎是當時她的SOP。

吳美霞所謂「摒炭的所在」，是指選洗煤場上方「卸煤斗」的地方，
煤斗上置有兩部翻車台。圖為現存遺址。
（朱健炫攝，2019，平溪十分新平溪煤礦）

吳美霞所謂「掽炭的」，就是傾倒煤炭之意，掽炭的所在即指選洗煤場上頭「卸煤斗」的地方。卸煤斗上置有兩部翻車台，一是翻卸品質較差的「冇沿」的煤（phànn iân，指下層的第八層煤，質較鬆脆），卸下後不送選洗煤場。另一則是翻卸品質較優的第四、五層（本層）煤。卸煤斗下方出口有輸送帶將之送往洗煤場。

捨石山的女礦工們

新平溪煤礦此處的「卸煤斗」乃供選洗煤場所用，下方漏斗開口處，有輸送帶將上方兩座翻車台卸下的煤，直接送往洗煤場。每回電車拉到這邊卸煤後，吳美霞要等候選煤場把先前已撿出不要的石塊和石碴，裝在台車，再一節節用天車絞上來。最後再把每節台車串聯起來，駕著獨眼小僧牽引著一列台車，拉到捨石山下。

捨石山下一樣設有翻車台和卸煤斗，負責翻車台的三、四位女礦工，把吳美霞載來的石碴，一車接著一車翻倒入卸煤斗，經過卸煤斗卸到底下坑道等候的一節節台車。接著由捲揚機把裝滿已卸好石碴的台車，再一節一節地拉到捨石山頂。鐵軌至山頂的終點，在兩軌間有碰觸角椎，當台車被拉至該處，車身前端底部的開關會與角錐碰觸，台車兩側車壁即隨之打開，石碴順勢卸出，完全自動化！

山頂有用相思木組成的ㄇ型架，狀如日本神社的鳥居，其地面置有滑輪配合山下的捲揚機以執行台車的拉放作業。木架則用鋼纜加鐵錨固樁，十分堅牢。爾後經過山頂負責之女礦工清理台車內殘餘石碴，確認作業完成，便拉「警示繩」通知山腳人員啟動天車（捲揚機），將礦

吳美霞將每節台車串接起來，再駕著獨眼小僧牽引著台車，拉到捨石山下。
（朱健炫攝，1987，平溪十分新平溪煤礦）

車送回山腳。

由於捨石山上及山腳下工作繁重，人員流動較大；是以在人事調動支援上，就此請問了吳美霞：「捨石山那邊，妳們也要負責嗎？」吳美霞笑了出來：「毋免啦！」其實到捨石山下就有人在顧了，此外上頭也有人負責「翻笱」；反正，翻（傾倒）下去就是了！

什麼是「翻笱」？翻車台的外型如臺灣早期竹製搖籃（搖笱 iô-kô，笱即竹簍或竹籃），故被礦工稱作「笱」；而翻車台傾倒即稱「翻笱」（píenn-kô）。

當吳美霞把電車開到捨石山腳，其前一回所交卸的那列重車，此際已變成一列空車等著她互換拉走。如此來來回回、一趟接著一趟，循環更迭不已。吳美霞補充道：「那邊要有四、五個，五、六個！不是說只有一個就夠，一個地方都要四、五人。」確實，就以往攝影駐點觀察，捨石山腳至少有三、四個人在推車，眾人推呀推的將台車推前鉤上鍊子，再讓天車拉上去。吳美霞點頭道：「對啊，只有這樣才有辦法（工作）。」

當然，若偶遇捨石山人員出狀況，吳美霞說她們還是需要過去支援，山頂、山腳都有過。問她：「山頂多少人？」她說：「兩人。」而捨石山的每個工作，無論是山下之翻笱、推車、絞天車，或山上之摒石子……都是全組人排班輪流，誰也躲不掉。

時間車和「平水仔」

話題再回到電車……

問她：「這樣一天要拉幾趟？」吳美霞回答：「四趟、五趟。」「那時間車也是四趟、五

負責翻車台的三、四位女礦工，把吳美霞載來的石碴，一車接一車翻倒入卸煤斗。
（朱健炫攝，1987，平溪十分新平溪煤礦）

捲揚機把裝滿已卸好石碴的台車，一節一節地拉到捨石山頂。
（朱健炫攝，1987，平溪十分新平溪煤礦）

山頂鐵軌中心設有角椎，當台車車身前端開關與之碰觸，兩側車壁即開啟，石碴順勢卸出。
（朱健炫攝，1987，平溪十分新平溪煤礦）

趟？」吳美霞笑笑說：「時間車更多趟了。」她解釋道，一旦有二番的要進坑換班，也是要載進去。至於一番的呢？是否要自己上來？吳美霞則說，擔任一番的礦工們，他們如果中途遇到車也可以搭著上來。

其實，一旦下工時間到了，主斜坑口那台捲揚機就要放空車下去，將那些做完工的人載運上來，不過只讓大家坐到平水仔（電車平路），到了平路就須自己走出坑。如果有人沒遇到時間車，也只好自己咬著牙，慢慢爬登斜坡回家了。吳美霞補充說，一般來講，中午休息時間，是沒有時間車的。

平水仔（pênn-tsuí-á），是臺語「平水坑」的暱稱。平水坑自坑口始便以水平方向挖鑿，使成長度約一公里之大平巷，又稱大巷硐。上鋪車軌供煤礦列車行駛，故礦工們習稱電車平巷、電車大巷、電車平路或電車路。會叫「電車」乃沿襲日人習稱，因為日本在明治後期即有完備之電車系統，故習慣將在鐵軌上跑的列車（無論是掛火車頭、柴油車頭或電車頭）都叫電車；正如臺灣人習慣將鐵軌上跑的列車都稱做「火車」一樣。

對於出坑還要走一段電車路，忍不住問吳美霞：「這邊電車路有沒有算過多遠？」吳美霞不假思索說：「差不多二三〇米。」聽到電車路這麼短，委實讓人嚇了一跳。後來經過再三確認，她才發現她弄錯了。就此也曾請教新平溪煤礦現任董事長龔俊逸，證實一九六五年新平溪一開坑就是直接平巷，隔年完工，電車平巷長達一二八三公尺。而吳美霞所說的二三〇米，應是翻車台至洗煤場的輸送帶距離。

一般而言，平水仔長約一公里是標準距離，礦工徒步走路出坑約莫十五分鐘，並不算苛待。而吳美霞說她在七點上工，下工時間是下午三點，那電車停駛後，二番的人出坑怎麼辦？平水仔這一段也是走路嗎？果然，吳美霞答得直截：「時間車載他們進去，回來就自己走路。」至於還在卸底的礦工，得等候空車由天車拉上來。若要下坑，則自行徒步走電車路至斜坑口，再等待換車由天車放下卸底。

結論就是：在電車平路可搭電車，但只進不出，出來要自己走路！

煤、石分流的運轉手

對礦業迷或鐵道迷而言，「獨眼小僧」堪稱國寶級偶像；而其周邊與之相關的事物也令粉絲們好奇不已。如駕駛獨眼小僧的吳美霞，以及隨煤礦列車四處奔馳的押車礦工——隨車工。

早在日治時，押車礦工稱「乘迴夫」，日文意思是隨著車子四處奔馳的工人。光復後，國府為去日本化，不再用「乘迴夫」一詞，正式改稱為「隨

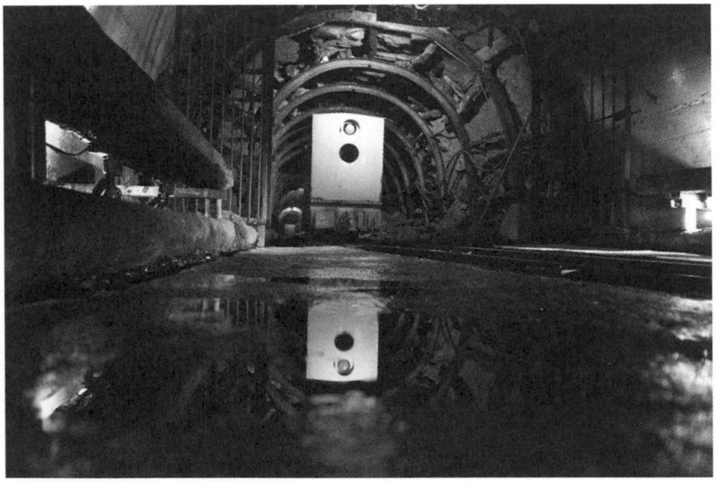

新平溪一開坑就是直接平巷，長度1283公尺。
（朱健炫攝，2018）

捨石山下設有翻車台和卸煤斗。負責翻車台的三、四位女礦工，把吳美霞載來的石碴，一車接著一車翻倒入卸煤斗，經過卸煤斗卸到底下坑道等候的一節節台車。
(朱健炫攝，1985，平溪十分新平溪煤礦)

捨石山腳至少有三、四個人推車，把剛卸完煤的礦車推到另一線鐵道。
(朱健炫攝，1987，平溪十分新平溪煤礦)

車工」，臺灣礦工則俗稱「隨車的」或「押車的」。

電氣礦車上自成一工作團隊，按吳美霞的說法：「有兩三個，有的要接鍊子，隨車的，還有，那載石頭到半路要拈起來……」她所說的兩三個，是大家互相輪流之意。事實上每次出車，隨車礦工只需一個。依據她的陳述，隨車工有兩個主要工作：一個是「鉤鍊子」：串聯各節台車以及與機關車的連結。另外，當捲揚機準備將載粗炭、石碴的台車，由坑底拉上來時，隨車工要負責鉤鍊子，插上台車連結鍊的插銷，方便「絞車工」（操作捲揚機的工人）執行放車或拉車。一個是「拈石仔」（liam˙-tsioh-á）：隨車工經常要跟在車後觀察，當台車從坑口出來到「路門」時，由於炭車與石車交錯，隨車工要迅速拔掉石車連結鍊的插銷，讓石車脫離列車進入「石車重車道」；另一線的「煤車重車道」僅剩煤車則被拉往選洗煤場。這個動作，就是俗稱拈石仔，或叫拈鍊子。

當石車脫離列車進入石車重車道後就被留在原地，要等前車由選洗煤場載運那些從煤車裡挑棄的石碴回來，再一併拉往捨石山倒棄。而隨車工拈石仔的工夫是否深厚，完全表現在炭車與石車交錯的複雜度上。交錯的複雜度越高，拈插銷的速度要更快，否則整列車會被卡住耽誤流程，甚至無法動彈！

電車一路駛來，是煤鄉？或天燈故鄉？

一九八四年臺灣發生三起煤礦災變（海山煤礦、三峽海山一坑、九份煤山煤礦），將整個臺灣礦業帶入絕境。新平溪煤礦也經不起這陣狂風暴雨的肆虐，終於在一九九七年暫停開採。

隨車工有兩個主要工作：
一個是「鉤鍊子」：串聯各節台車以及與機關車的連結。
一個是「拈石仔」，或叫拈鍊子。
（朱健炫攝，1985，平溪十分新平溪煤礦）

隨車工總跟在車後，當台車經過路門時，要快速拔掉連結台車的插銷，讓石車和煤車分流。
（朱健炫攝，1985，平溪十分新平溪煤礦）

後來，在礦主龔詠滄與地方耆老合作規劃下，自二〇〇三年起轉型為地方文化館，延續了臺灣煤礦業現場僅存的微薄記憶和氣息。

要說吳美霞幾乎與新平溪煤礦是一體的實不為過。新平溪煤礦於一九六五年動土，一九六七年開挖，而吳美霞在一九七四年進入礦場駕駛獨眼小僧，一直做到一九九七年礦場停工。而當二〇〇三年新平溪改為文化館後，她也重回駕駛座；儘管年逾七十仍退而不休，每週五、六、日照樣回煤礦博物園區上工。算算新平溪五十五年的煤礦史頁，吳美霞也占了四十六年！

然而，文化園區本就不同於礦場，吳美霞在礦場時的工作是固定的，她每天運著裝滿煤炭或石碴的台車奔馳，有著固定SOP。但礦場變身文化館後，卻變成開著列車載參訪者遊園間或導覽，作為一種礦業體驗；而其工作實質上是隨人潮起伏而調整的。

在臺灣COVID-19疫情尚未爆發前，曾問吳美霞：「現在，平時觀光客會很多嗎？」她總是說：「普

礦場改換成文化館，吳美霞的工作變成開著列車載著參訪者遊園，進行礦業體驗。（朱健炫攝，2021，平溪十分新平溪煤礦博物園區）

通啦，說多不多。」「那日本人呢？觀光客都日本人比較多？還是臺灣人？」她歪著頭想想說：「不一定，加減啦，有時臺灣人，日本人也很多。還有，馬來西亞也有。」她緊接補充：「日本人都是觀光團，像馬來西亞都是自己過來的。」

事實上，新平溪煤礦博物園區的參訪者，還有香港、中國大陸、韓國等等來自世界各地的人。對新平溪而言，一旦從生產事業轉成文化觀光事業後，真正有人潮的時間大概只有週末假日，所以很自然，吳美霞的工作也逐漸變成固定在禮拜五、六、日上工即可，其他日子公司則視情況徵召支援。

不可諱言，平溪區自從煤業沒落後，原本人口密集、經濟往來繁榮的煤業重鎮，一夕間沒落成貧瘠的偏鄉。

曾幾何時，一盞一盞升起的天燈，反為平溪區帶來可觀的觀光收益。

是否，當人們仰首向天之際，除了驚詫於平溪天燈之美，也能思索腳下曾生養無數家庭的平溪煤鄉文化？

訪問日期：

二〇一九年七月十一日

訪問地點：

平溪十分新平溪煤礦本坑坑口

06 尋找生路的阿美家族

源於「臺灣書寫專案」寫作計畫，多方蒐羅礦業文化相關採訪素材。當三鶯部落的族人告訴我們，三峽隆恩埔公寓（三峽文化部落）住有許多海山煤礦結束後移居過去的阿美族人時，筆者與前海山的行政主任羅隆盛都很興奮前往，但是到了部落門口，面對偌大的一棟大樓，還真有些不知所措。

硬著頭皮找上管理員，說明來意，他說輔導教室剛好有課程活動，於是幫忙通知了輔導老師。拿《礦工謳歌》給她翻閱，問她可有認識的人？她看了書後十分驚訝，說從沒想過那個遙遠的年代，竟有人如此認真地拍了這麼多礦工的照片！

此後，她一直很熱心且勤快地幫忙尋找書中的「嫌疑人」。由於她在海山阿美族群裡的人緣很好，且認真積極投入，便邀請她擔任寫作計畫的聯絡人，同時加入計畫的訪談小組。因為她的參與，讓我們的收穫非常之多！

刊於《礦工謳歌》的照片，三名礦場
女工坐在坑木場的相思木上休憩飲食。
（朱健炫攝，1983，土城海山煤礦）

照片左邊是林永妹，中間是林賢妹，最右邊是陳桂英。
（朱健炫攝，1983，土城海山煤礦）

聯絡人竟是書中人

這位聯絡人名叫林賢妹，一九五四年出生於台東池上。

二〇一九年八月初，在一次訪談中，她突然告訴訪談小組說她被指認出來了。這是件大事，從來都是她指認別人的，這回竟然是被她「篩仔腳」的同一班死黨認了出來！

一幀刊於《礦工謳歌》的照片，裡頭是三位礦場女工坐在坑木場的相思木上休憩，飲食話家常。先是林賢妹認為照片中最右邊正在吃東西的是林永妹，就跑去與當事人「對質」，結果反被對方認出：吃東西的應該是陳桂英，左邊的才是林永妹，至於居中的那位，似乎就是林賢妹本人！

聽到她這麼指認，林賢妹當場嚇了一跳，反問林永妹：「咦！我當初怎麼沒有印象？」林賢妹要林永妹再看仔細點，林永妹被這麼追問，也有些猶豫。但林賢妹私下認為，因為林永妹比她先進礦場工作，在那邊也那麼久了，應該不會認錯。

林賢妹於海山煤礦舊工寮接受訪談。(朱健炫攝，2019)

後來為了更加確定，再補送當時拍攝的另外兩幀作品供比對參考，結果她們確認照片裡左邊走路的是林永妹，中間是林賢妹，最右邊的是陳桂英。

她們更記起當時的情況，林永妹說：「那天吃的是臭豆腐……看了照片以後，我都記得好清楚！是有一位老阿公，踩著三輪車去那邊賣臭豆腐的。」

她們回憶說到了下午兩、三點，選煤場的篩仔腳工作告一段落，許多人都會跑去買臭豆腐，然後幾個要好的姊妹淘便聚在坑木場的相思木上，一邊享用一邊聊家務事，林賢妹說那是多麼愉快的午後時光！

為生活，北漂當礦工

海山煤礦，對林賢妹而言，雖只是她年輕時代的一段經歷，卻是她人生中永遠的回憶。約一九六九年左右，她的父親風聞在海山做礦工收入很好，因此爸媽跟弟弟當時就先行北上，住進了專為安置阿美族人的工寮。四年後，她也隨之北上。

林賢妹記得初來到土城，在還未進入海山選煤場擔任篩仔腳工作前，曾在海山大門永寧路口的磚窯廠那邊挖磚土推台車。

她回憶：「海山門口，那不是有磚窯？我們是去挖那個土，然後推推推……」她笑著說：「我們去推那個土堆，但那個土堆並不是海山要用的。」

當時一起工作的有四個姊妹淘，林賢妹很懷念地說：「推一台兩塊半而已，因為我們四個人，一台妳的份、一台我的份，一定要一人一台兩塊半。」為了四個人好均分，她們拚命推著一台台的車，這樣才能趕快掙錢：「我們那年代是這樣想，拚著命，一直做一直做……」

那個年代是沒有全民健保的，僅有勞保，因此唯有成為海山的員工才能入保單。由於父親、弟弟都在海山工作，所以林賢妹就跟三個好友都進入海山，在選煤場的「篩仔腳」工作。

選煤場是礦場坑外最核心、最重要的設備，很多煤礦場於篩選煤時，是「選煤機」及「洗煤機」兼備，謂之「選洗煤場」；但是海山沒有洗煤機，只有選煤機，所以才稱「選煤場」。選煤場分有「架頂」（kè-tíng）、「篩仔」（thai-á）和「篩仔腳」（thai-á-kha）三部分。

偕同的羅隆盛解說：「架頂」是煤車從坑口出來，直接拉到選煤場裡的「翻車台」，翻車台所在位置及其周邊就稱為「架頂」。翻車台下有卸煤斗，斗口下方則是「篩仔」，煤經翻車

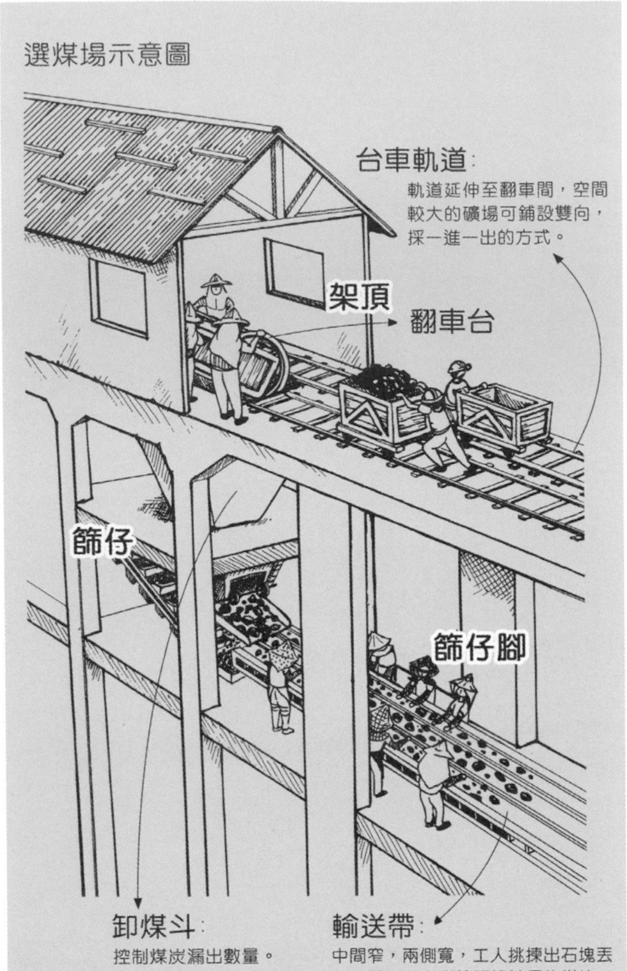
控制煤炭漏出數量。
中間窄，兩側寬，工人挑揀出石塊丟入中間，兩旁剩餘價格較優的煤塊。

軌道延伸至翻車間，空間較大的礦場可鋪設雙向，採一進一出的方式。

選煤場示意圖，分為「架頂」、「篩仔」與「篩仔腳」三部分。（周韻文繪，2018）

架頂操作「翻車台」工作情景，翻車台下有卸煤斗，煤經此送至電動搖篩以便過濾石碴和分出煤炭大小等級。
(朱健炫攝，1985，土城海山煤礦)

「篩仔腳」就是輸送帶所在的位置，一群女礦工會站在輸送帶兩旁，將煤、石分類。因在「篩仔」下面，故稱「篩仔腳」。
(朱健炫攝，1984)

選煤場流程圖

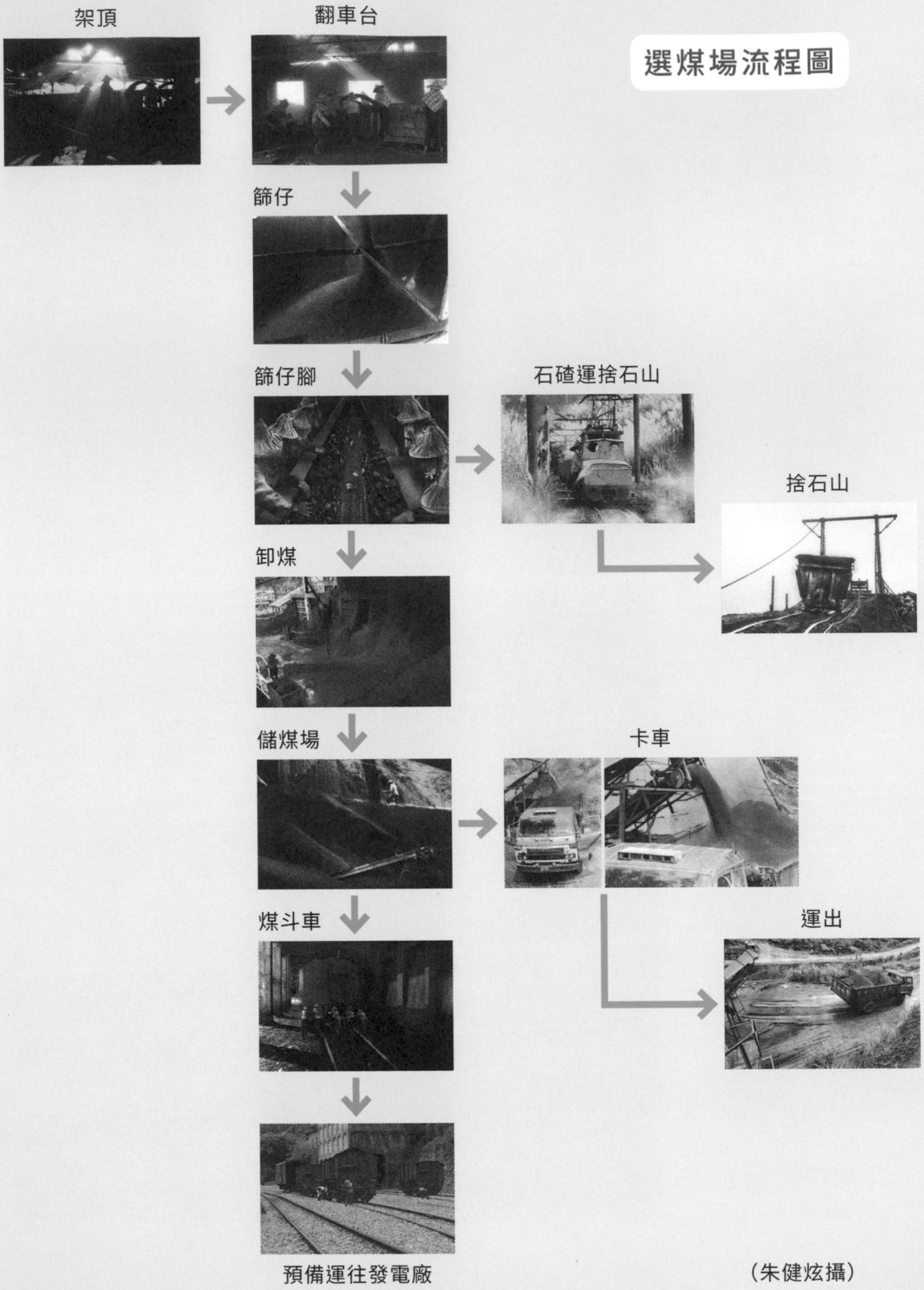
架頂
翻車台
篩仔
篩仔腳
石碴運捨石山
捨石山
卸煤
儲煤場
卡車
運出
煤斗車
預備運往發電廠

(朱健炫攝)

台「翻笥」後，被卸倒在篩仔上，篩仔會自動搖篩煤炭，將煤炭初分大中小掉至底下的輸送帶（又稱「拖板仔」thua-pán-á）。「篩仔腳」就是輸送帶所在的位置，一群女礦工會站在輸送帶兩旁，將煤、石分類。因在篩仔下面，故稱「篩仔腳」。

林賢妹說明她的工作：「我們在篩仔腳的工作就是這樣──等著煤礦車出來，如果裡面沒有運出來，我們就有空檔休息。等台車從上面倒下去，我們才有工作做。」

這邊沒有水洗設備，所以不洗煤。羅隆盛說：「這邊直接拉出來就撿，大粒的就大粒的，小粒的就小粒的……篩選時分作三種：大塊的『塊煤』，中塊『兩米仔』，小塊『火炭』。」他說：「細的就掉到下面，大塊的就留在上面。更細的就再篩一遍。」

那是怎麼篩？羅隆盛與林賢妹互補說明：篩仔網目有分大、中、小的孔，機器一邊搖動一邊篩選，下來的時候就會自行分開。網子有不同大小篩目，大孔掉大的，小孔掉小的，然後各自輸送帶就送走了。

阿嬤的黑糖鍋巴粥

訪談間，林賢妹有感而發，突然憶起了阿嬤，和老人家獨門的料理。阿嬤高壽一一五歲，就是在海山工寮裡往生的。

林賢妹回憶道：「那時候一次才領十幾斤的米而已（每半個月用部分工資換米），爸爸、弟弟他們還要帶便當，幾天下來就沒有了。」她形容，工寮那個灶是整排的，當時還沒有電鍋，阿嬤就用鍋子先煮飯，飯煮完後剩下來的鍋巴，就刮起來放在灶邊，林賢妹跟姊姊以為阿嬤是要拿去餵鴨的。

林賢妹懷念道：「阿嬤把鍋巴拿去曬，我們完全都不知道。有一次她就交代我們去買黑糖，她就把兩片鍋巴拿來泡水，再加入黑糖，這樣就能煮出一鍋黑糖稀飯。整個海山的人，就只有我阿嬤這麼做。」

那時期約當一九七四至七六年，海山三年間經常落磐，使得礦場運作斷續不穩定。林賢妹回憶，當時常常被迫停工，因為一旦落磐，進坑工作的人員機具都不能動，而外面的人也沒有辦法進去工作。她說早先發生事情時，她們不了解，以致在「篩仔腳」的女工等了許久都等不到炭和石頭出來，大家都想說：「奇怪都已經幾點了，居然都沒有炭出來？」當時就有人上架頂去看，才知道連一部台車都沒有！結果，沒人告知，她們也沒敢下工，不知如何是好。

因為當時常常事出突然，每次坑裡「清矸」（清理落磐）要花很長時間，連帶周邊的人亦受影響，無法上工。結果大家都沒工資！

有天林賢妹發現媽媽買了黑糖回去，她就想說怎麼這麼好今天有稀飯，因為已經停工好幾天，應該是沒有錢買米才對。但，神奇的阿嬤果然又為家人變出一鍋熱騰香甜的黑糖稀飯！在工寮共通且唯一的走廊上，路過鄰居問林賢妹在做什麼？「吃稀飯啊！我阿嬤煮的。」真的！那時候就因為那一鍋稀飯，讓全家吃得非常開心、非常幸福。

林賢妹感傷地說，阿嬤總共曬了四大袋的鍋巴，她把它們裝在袋子裡吊起來，完全曬乾就不會發霉。而如果沒有阿嬤未雨綢繆，有那些鍋巴當存糧，怎能夠在必要時應急？

林賢妹嘆了一口長氣：「現在想到真的是很心酸，怎麼會這麼窮！」

海山，築夢與夢碎之地

經常落磐造成無法正常上工，海山讓人有一餐沒一餐的工作環境，非常沒有保障。林賢妹語帶抱怨：「沒有做，就沒有工資了！」總覺得在海山煤礦的這三年，生活就像是中斷了一般。家人感到這樣下去不是辦法，必須另找賺錢度日的工作。

由於當時國內經濟起飛，到處都在蓋公寓，對磚塊需求孔亟，磚窯廠都缺工。林賢妹父親打聽到林口有許多磚廠，經過全家人討論，決定暫時搬離土城。「第一年我們到了林口醒吾高中那裡的一條路，在磚窯廠打工，過了一個夏天到過年。」林賢妹回憶。

後來，林家的男人們認為，對比於礦坑工作，磚窯廠實在賺不了什麼錢。經族人介紹，全家就轉去建基煤礦。當時，爸爸、弟弟、姊夫立刻投身建基挖煤，林賢妹和姊姊則找到發電廠的工作。

「還沒去發電廠工作前，我和姊姊每天都去海邊撿兩袋煤炭回來。」林賢妹說的海邊，就是建基位在港子尾山捨石場山腳下那片海灘。建基煤礦的捨石場就在港子尾山主峰與西峰的稜線上，石碴就從兩峰間的稜線傾倒入海。畢竟當時無所謂環保意識，許多礦場石碴不是往溪邊丟，就是往海岸倒。而在這一堆一堆的石碴中，經常夾雜著煤粒，她跟姊姊便是去撿這些煤粒，一天大概可以撿到兩大袋！

林賢妹說：「有人要的話就賣，沒有的話就自己家裡燒。」就這樣，一家人在深澳建基又待了兩年。等到三年過去，海山的落磐問題終告解決，他們才離開深澳，又回來海山煤礦。林

林口的磚窯廠。林家人離開海山，一度在此打工。
（朱健炫攝，1984）

賢妹的爸爸、弟弟、姊夫再度進坑，直到海山發生無可彌補的大災變。

「那妳呢？妳後來回來，有沒有再回篩仔腳？」

林賢妹說：「那時候回來就沒有去了。」她回土城後，做的是美髮相關工作，做到二十幾歲結婚，後來自己也開一家，但是因為房租太貴，所以等到她的孩子都上小學後，就歇業了。「收起來之後，又回來我媽媽這裡再找房子，然後去林口長庚醫院那邊實習做看護兩個月。」結果林賢妹結訓完，工作被排到晚班，時間是晚上十一點到早上七點，這讓她陷入天人交戰的深淵。「我就想到我的兩個小孩，該怎麼辦呢？哥哥小學三年級，妹妹才一年級，我姊姊的小孩和我的小孩年齡很接近，且姊姊也要上班，所以……」她嘆了一口氣：「只能放棄這份工作！」

工作的不穩定，讓林賢妹隨時都在搬家，為的是給孩子們有個棲身之所；因此，她一直在找租金便宜的房子，最後實在走投無路了，只好再回海山，就這樣一直待到兒女們大學畢業。

一九八四年海山發生災變，五年後，海山終於吹了熄燈號。被遣散的阿美族礦工和他們的家庭開始四處流離，結果部分族人落腳處形成兩大聚落——三鶯橋下的「三鶯部落」和大漢溪畔的「南靖部落」。由於各方處置失當，終造成爾後近三十年激烈的「部落保衛戰」和「反迫遷」抗爭。

二〇〇八年，初步協議安置的三峽隆恩埔國宅，即今三峽之「文化部落」，林賢妹也去參加抽籤，很榮幸中籤，終於有了屬於自己的安身之所。

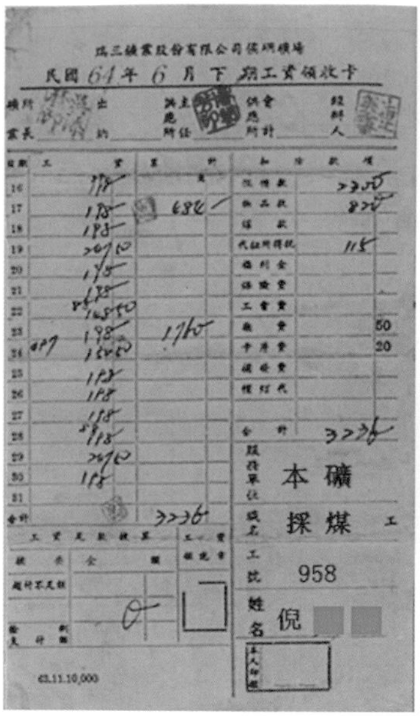

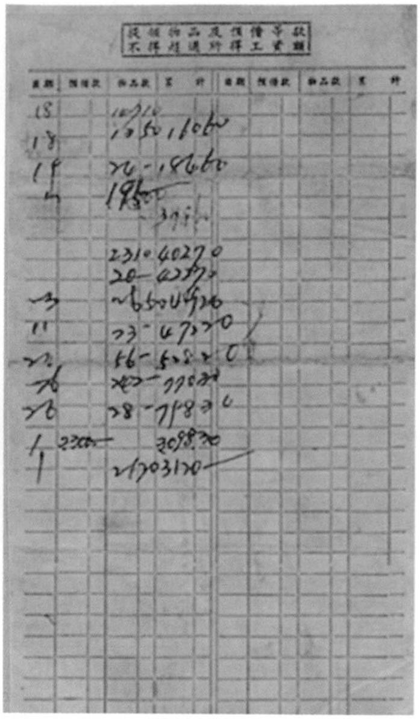

瑞三的「工資領款卡」，即是林賢妹所說的卡片。（朱健炫攝）

一把火燒掉了回憶

言談中，林賢妹長長嘆了一口氣：「那時候在篩仔腳做的時候，生活也不是說很好……」她的心底似乎百感交集，或試圖自回憶的深淵中找回什麼。問她當時待遇，何以會如此難以度日？她頓了一下說：「坑內採煤的一天才四十八塊。」這不禁讓人對礦工日薪高的印象產生懷疑。林賢妹說：「你可以問羅主任。」羅隆盛也點頭同意：「我有去裡面打工過，當時大概是五十塊左右。」

應該說，這是一九七〇年代的行情。按他的講法，一九八〇年以後，採煤工的工資都是以每天上百元來計算。一九八五年左右，採煤工若是勤快，一天掙到五、六百塊甚至上千元的大有人在！

林賢妹接著說：「篩仔腳我記得不到三十塊，好像只有他們一半，是二十六塊左右……你看看那時候已經是（民國）六十三年了，整身都弄到黑黑的，還要（自己）去抄當天的工資多少，才可以馬上領。寫完那個卡片再把它拿給礦場的人，他就幫你審查。」

那時的工資紀錄卡，林賢妹原本留下了一疊。她說：「我這個人就很喜歡保留古時候的東西，就收了那個卡片，連我媽媽她日本時代的照片我也有留到；還有我弟弟那時候（海山礦災）去救所有礦工時，政府發放的感謝狀也都留在牆壁上。但全部卻被一把火燒掉了！」

聞言令人心頭一揪：「全部都被燒成灰燼？」

她滿臉惋惜地說：「對！」

林賢妹說：「爸爸和我、弟弟的卡片我都有留起來。記得媽媽還說留這個做什麼？看到就很難過！」林賢妹將三人的卡片各自鑽洞、整成一疊，誰知道被一把無名火燒得一張都不剩！還有照片也是，她說：「我爸爸、我爸爸的弟弟、我嬸嬸、我弟弟、我大哥、還有我，還有那個林永妹，那時她在架頂，一疊一疊的木頭，她就坐在那兒，坐在那裡照相……」所有的回憶也都遭大火吞噬！

關於那場火災，在眾說紛紜中透著詭異。事情發生在二〇〇七年左右，當時遠雄集團以二十多億新臺幣購入海山煤礦約十四公頃土地，預計推出大型造鎮計畫。

原本一九八九年海山封坑後，舊有之十三棟、番仔寮及後建的四棟工寮，礦方都予以保留，仍供不願搬遷的阿美族礦工家屬留住。直到產權轉歸遠雄集團後，乃被強烈要求拆遷還地，於是族人們只得被迫清屋搬離。

林家據守著番仔寮，他們一直與建商交涉能否不拆，結果某天半夜突來無名火將之燒個精

海山煤礦裡俗稱「番仔寮」的阿美
族礦工工寮。
(朱健炫攝，1983)

光！林家不但未獲賠償，還被告違建、火災毀屋！

或許，就建商而言，針對海山的拆遷還地，不過就是拆掉無用的地上物。但對研究花東原住民遷移歷史，以及有關「城市部落」、「工寮部落」的研究者而言，不啻是摧毀了一大片珍貴的史料！甚至把原可能列為文化遺產的礦區，糟蹋成荒煙蔓草之廢墟！

人在卸底，一切交託上蒼

談到導致海山封坑、族人離析的始末，不能不談到一九八四年六月二十日令全臺震驚的海山災變。

當時，林賢妹有家人是真正從死神手底逃過一劫的，那就是林賢妹的弟弟林生祥。在海山煤礦三斜坑發生爆炸的那一天，林生祥就在三斜坑裡。

一九五六年生的林生祥，十六歲來到海山，當時父母已在此五年，在爸爸的帶領下，他也進坑工作。由於年紀過輕，林生祥說：「我是有兩個保證人才勉強進去的。」

林生祥描述，那時候先在二斜坑推推車，推車熟了，再當採煤二手，慢慢升當採煤師傅，在二斜坑之後才去三斜坑。據他說，二斜坑才只三個片道（各分東西），煤產量不多。「三斜坑（煤產量）比較高。」一旁妹夫江金達接著回答：「（挖得）比較深吧！」問他：「比較深？那就通到『海一』（『海山一坑』簡稱）那兒了，就是三通坑那邊嗎？」林生祥說：「對，三通坑。」所謂的「三通坑」，即「建福坑」，因與海山之三斜坑十五片道銜接，成T形「三通」狀，故稱「三通坑」。其出口就在三峽，可以通到海山一坑煤礦。

記得採訪阿美長老陳政治（Bi-Lai）時，他說發生事情那天，他在二斜坑。那「大概發生的時間是在什麼時候？」林生祥想了一會兒：「大概十二點多。」再問：「那時候發生事情是在幾片道？」江金達與林生祥異口同聲地說，爆炸是發生在卸底的十五片道，而他們當時人正在「十三半」工作。這裡須特別說明：由於礦場忌諱「四」，所以在「十三」片道後便叫「十三半」，沒有所謂「十四」片道，其實「十三半」根本就是「十四」片道，正與「十五」片道相鄰！

聽到他們人在十三半，確實令人大吃一驚：「真正發生事情的是在十五！也離你們很近欸，那聲音很大嘍？」林生祥形容：「很大！耳朵也受不了，整個地都在動，平常不會這樣。」他接著說：「平常爆破的時候不會這樣晃，也沒有這麼大聲。」

接著，請教了他們：「一般都是爆破完了，你們才進去對吧？」他們倆人點點頭說：「對啊。」「聽陳政治講，他們上來以後，當時還不知道發生了什麼事。」林生祥難過地搖搖頭說：「他（陳政治）在二斜坑他不知道，我們是在三斜坑……他們兩兄弟（指陳政治的大哥和三哥）是在最底的。」林生祥說：「我本來是在那邊做，我朋友說這邊少一個師傅，你要不要上來？不到一個禮拜，就出事情了。」說到這，不禁令人長嘆：「所以這個就是命啊！」

爆炸原因眾說紛紜

關於事故，官方的說法是時間車（重車）第七、八節連結環的插銷鬆脫，造成從第八節以下的台車急速滑落卸底，釀成煤塵爆炸產生大落磐云云。對此心存疑惑，問林生祥：「本來時間車要下去還是上來？」他說：「要起來，如果沒起來就會困在那裡，整個台車都會卡在那裡。」也因為時間車先起來，以致林生祥這一班十六人都沒搭上車。這個時候，裡面頓時停電，黑漆漆了，也沒有風，林生祥他們發現大事不妙！

「所以車子是出來後才發現（停電）的是不是？」再度跟林生祥確認。他說：「對，已經拉上來了！」也就是說，時間車已經拉上來了才發現下面沒電了。林生祥補充說明，絞車工要再放車的時候，才發現沒電了，所以車子下不去，沒辦法拉那些人上來。說到此，林生祥忍不住眼眶含淚，頻頻用手背擦拭，可見出事時的記憶，對他而言是多麼痛！

談到這裡，一陣心酸不禁湧上，續問林生祥：「時間車上來的時候，已經有一部分的人先上來了？」林生祥說：「對，陸陸續續已經有人先上來了。」

分析整個過程，不禁疑惑先前重車已經拉上來後，絞車工是否有發現異樣？因為：如果無異樣，表示卸底的爆炸跟這列時間車無關。如果發現異樣，譬如台車節數少了，那就表示卸底的爆炸，跟這列車脫不了干係。

可是，為何絞車工在重車拉上後，準備放空車下卸路時，才發現停電導致車子下不去？難道他沒察覺前面拉上來的重車有問題？還有隨車工當時在幹什麼？事故至今近四十年，「到底是否有車掉下去？」一直在礦工間流傳著不同說法。多位訪談的礦工，各自的資訊也不一而足，包括發生的時間，有人斬釘截鐵說是上午十點左右，有人說聽到爆炸聲是十一點多，根本未到十二點；也有人轉述當時隨車工的講法是十點多……

至於官方的說法則是：由於台車第七車和第八車的連結插銷沒插好，造成台車滑落，又因為撞擊到高壓電，引發的火花和漫布在空氣中的煤粉接觸，引發爆炸。未在撞擊過程中喪命的礦工，也因為空氣中布滿了一氧化碳而喪命。該次災變共有七十四人死亡。

對此，有人含糊地說好像不是這麼回事，但問他詳細卻又說不出個所以然來。問了林生祥，他也只有說：「就是裡面發生事故。」

因此，唯一說得明白的，似乎只有官方所公布的「結論」。

逃出坑底絕處逢生

林生祥追述事故當時：「奇怪今天挖掘的聲音怎麼震到耳朵都受不了，平常爆破不是這樣？」江金達接他的話說：「沒有這麼大聲！」林生祥強調：「地也在跟著搖晃，震到整個耳朵都快破了！」

聞言不禁為之捏把冷汗：「所以你那時候也還在坑道裡頭？」

這時，林生祥已難抑哽咽：「嘿啊，那些人（電池）都沒有電了，也越來越熱，我們就趕快用爬的上來外面。」他語氣顫抖：「爬的時候也看不到路，所以只能摸著鐵路上來，因為太熱，水都要慢慢倒、慢慢喝……」一路上，他們只怕前頭通道被震垮，一班人無法脫困。

林生祥肅容續道：「我們那群是十六個人，全部用走的上來，上來的時候就在事務所那邊，已經有很多救護車，還有記者來訪問我。」不捨追問：「其實你們要爬上來差不多要一、二個鐘頭對吧？」林生祥說：「大概要一個小時多。」

據海山煤礦坑道圖推估，斜坑長度應有一千多公尺。而電車路自第三斜坑至坑口差不多有二千公尺，所以眾人等於爬了三公里的路程，而且都是上坡！

林生祥無奈搖頭：「裡面都沒有風，也沒有電。」江金達也苦笑：「走起來是沒有多遠，但是太斜了。」林生祥嘆氣續道：「爬坡會喘。」再問：「聽說三斜坑的陡度到四十五度？」江金達點頭道：「差不多。」

塵封往事，此刻追憶恍如隔世，不免令眾人心中滿是感慨。

撕心裂肺含淚搜救

林生祥一班十六人逃出後，發現坑外早已眾聲喧譁，這才驚覺海山發生大災難了！礦方火速把他們找來，依四至六人一組，即刻裝滿水壺，帶著電池、頭燈和帆布袋，要他們立刻回頭下坑救人。

林生祥一組人下到十五片道，眾人看到眼前景象都嚇傻了，落磐把卸道全堵死！他們加入先發救難人員行列，全部人開始賣力地挖，試圖挖出一條「生路」。因為落磐嚴重，事後據報導救難人員花了三天才打通，對此與林生祥確認：「你們進去是到第三天，才打通的嗎？」他說：「對，是第三天，裡面很熱，所以屍體都悶在裡面就臭臭的！」再問：「下面那個落磐的地方非常嚴重？」他說：「那（石頭）都不牢，進去的時候要看一下，它會小粒小粒慢慢地掉下來……拿石頭給它（往疑似落磐處）丟上去，它就『轟』的一聲掉下來了！」江金達補充說：「石頭都落下來了！」再確認：「你說落磐嗎？」江金達回說：「對！」

此刻心底突然有個疑問：「那時候前一兩天都還在挖掘，到第三天才打通，可是為什麼第

劫後餘生的林賢妹弟弟林生祥（左），和她的妹夫江金達（右），描述當年海山煤礦災變的救難經過。（朱健炫攝，2020，土城海山煤礦）

二天就有屍體上來了？因為我第二天到的時候，十點多第一班車子就上來了，我記得那時候先載了五個上來。」對於提問，林生祥、江金達齊聲說，那是離坑口比較近的。

林生祥說：「其實，都是陸陸續續地發現。因為已經找到了路線，就會很快找到（遺體）。然後兩個人用麻袋這樣裝著，裡面的人因為（垂死前）掙扎得很厲害，全都磨到破皮！」

救難團隊前兩天都一直在打通落磐，而打通過程也是極其危險的。林生祥說：「沒有柱子。」意思是原本支撐坑道的支架都被壓垮致不見蹤影！問他：「那怎麼辦？不能撐。」林生祥很無奈地說：「沒辦法啊，（落石）堆得那麼高，二樓高耶！沒那麼高的樹啊，相思樹（意指：坑木）！沒辦法啊，還是要進去救人，就是這樣啊！」

江金達搖頭嘆息補充：「有時挖了挖，（石頭）也是落下來，還是一樣，垮下來的時候，只能再挖一個洞進去救人。」林生祥反過來自我安慰說：「還好沒有怎麼樣，安全地進去，安全地回來。」這，真的是上帝保佑啊！

不過想到朋友、熟人就此永別，林生祥回想當時如煉獄般的景象，眼眶含淚說：「都沒有柱子了，連吃飯都不敢吃飯！臭摸摸（臺語 tshàu-moo-moo，形容味道極臭）！那個口罩加厚，還放檸檬，還要綁毛巾，還是那麼臭！」

在如葬坑的卸底，聞屍臭尋人！

儘管夜以繼日輪番開挖，整個卸路口的落磐要到第三天才打通。

六月二十二日，林生祥一組人較晚下坑，據他回憶：「我們下去的時候，已都是一台台裝著屍體的車……然後我們去找，我知道那個かた（片道）是在那裡，我帶那些我的人去救，救Amis（阿美族自稱，這裡指族人）啊！」說到這，林生祥又眼眶泛紅，含著淚說：「像小狗一樣都用聞的。」他指著江金達：「你問他，裡面很臭，一打開，臭摸摸！」

江金達解釋：「因為裡面熱嘛，溫度很高，兩三天了嘛，屍臭都已經受不了了！」他說：「只要看到地面上有濕濕的，再往裡面挖，那邊就是有人。」他比著起泡的手勢，說：「血水都一直啵啵啵啵地冒出來！」

搜救都是小組進行，林生祥說：「一組一組的，然後一組是四個人。按照自己分，像有的是五個、有的六個，其實四個人也是夠啦。」他話鋒一轉，難過地說道：「在搬屍體的時候，還要一直對他們說：你們家裡的人在等你回去啦，不要在這邊了，我們來帶你回去！」

經歷過那打通後的卸路，林生祥把它比喻成就像走懸崖的路，是那種連山豬都不會想走的路，非常危險。林生祥繪聲繪影地描述：「那個路都是高高低低起伏的，兩個人挑一個身體，用綁的，然後繩子會滑，就會發現怎麼有人踢我？」而最恐怖的是挑著遺體時，有些遺體居然

礦工入坑依規定要拿名牌去換電池跟頭燈，因此電池室掛有名牌就代表人在坑裡工作中。名牌範例請見頁 37。
（朱健炫攝，1987，瑞芳深澳建基煤礦）

還會發出呻吟的聲音。甚至他遇過遺體沿途一直放屁！由於遺體還未完全僵硬，因此要裝袋時，實在是不好裝，因為亡者的皮膚太滑、太軟了……聽完他的經歷總令人不寒而慄。

曾聽陳政治說，外來的救難隊在搜尋上幫助有限，主要還是要靠自己本礦的人較容易找到失蹤夥伴。江金達表示同感：「我們熟，了解路線。」林生祥也點點頭：「這坑裡面有幾個人都知道。」畢竟都是天天見面的族人，不是十三棟那邊的，就是番仔寮這邊的，所以說大家都很熟。

「那一共搜救了五天還是六天？」向其求證，林生祥回想了一下：「六天，一定要找乾淨啊（意指搜尋至無一遺漏），出來的時候要對（名牌），沒有就拔下來。」礦工入坑依規定要拿名牌去換電池跟頭燈，因此電池室上面有名牌就代表人在裡面。江金達說明：「腰這邊還有一個號碼牌，然後就用身上的號碼牌去對。」他們依照遺體身上的號碼牌對照電池室的號碼牌，只要認出身分就把電池室的號碼牌拔下。一旦電池室號碼牌全部沒有了，表示人都出來了！

一九八四年六月二十五日，事故現場全面清理完畢。官方資料：死亡七十四名，其中Amis人數不詳。

尾聲——後六二〇的海山

六二〇海山災變後，林賢妹一家人依然留在海山……

好奇地問林生祥：「你後來也是繼續在挖（煤），挖到結束？」他苦笑著說：「對，挖到收坑。」「那到三斜坑的時候，還是會怕怕的嗎？」他揮了揮手：「不會啦！裝那麼多（罹難者）了，也是跟他唸一唸就沒事了，沒有怎麼樣啦。」

於是，時序來到一九八九年，海山煤礦終於宣告走入歷史。

林賢妹一家人也被迫失業。

關心地問了林生祥：「最後那個撫卹和資遣是怎麼算？挖到後面的時候不就有那個遣散金？」林生祥記得只有轉業金五萬元，然後就各走各的去找工作。「就只給五萬？然後自己去找工作？」大家有點驚訝：「沒有按照年資多久，然後精算，就這樣？」林生祥肯定地說：「都沒有。」

一個產業的式微乃至告終，無形揭露了社會經濟轉型間法令制度的不健全，其對底層弱勢者的影響是多麼巨大！

自一九八四年的災變，到一九八九年後的陸續封坑，這才剛剛是事端的開始。爾後迄二〇一二年止，近三十年的原民居住正義餘波不斷，無論是遠因或近因，海山煤礦的爆炸，不啻是它的源頭。

訪問日期：
二〇一九年八月二十日
訪問地點：
新北市土城海山煤礦舊留守工寮

第三部分

工寮裡的童年歲月

在礦區度過童年乃至青澀歲月的礦工後代
孩提時的礦場印象與礦工生活是何樣貌
自成生活圈的礦場與現實生活世界如何連結

07 礦場原住民的世代故事

《礦工謳歌》裡的影像，最引人注目的，不是全身烏黑的男女礦工們，而是礦場工寮周邊嬉戲的孩子身影。

以「重回血汗現場」為題的「臺灣書寫專案」計畫，很自然把尋訪這些小Amis們列為核心重點，畢竟他／她們昔時生活的一舉一動，也曾是臺灣礦場及礦工生態不可或缺的一環。多數出生於礦場工寮的小阿美們，自幼耳濡目染了煤鄉文化，也曾目睹礦場的興盛衰敗。若能藉由採錄礦工之子的童稚軼事，窺及臺灣煤礦業壯盛時日之榮景，及晚期斑駁的歲月遺痕，或可為臺灣礦業史添一註腳。

一幀建基工寮戲水的照片

找到阮紹強是一段曲折的過程。

《礦工謳歌》書中，一群孩子戲水的作品。
（朱健炫攝，1984，瑞芳深澳建基煤礦）

進行採訪計畫時，海山煤礦地區的聯絡人林賢妹，有回檢視《礦工謳歌》影像中人物時，發現有幀一群孩子戲水的作品，裡頭有一對雙胞胎兄弟，她是看著那對兄弟長大的。他們的名字是阮紹強和阮紹文。

這幀照片拍攝於瑞芳的建基煤礦，但兩兄弟卻是住在海山原民礦工工寮，這不禁讓人十分好奇！

經輾轉聯繫，在二〇一九年九月上旬，一行人來到九份阮紹強經營的民宿。訪談間，重拾他兒時記憶中在海山與建基兩礦場間的點點滴滴，以及令他回味無窮的童年趣事。而這些由他娓娓道來的所謂過眼雲煙，卻是礦業田調上彌足珍貴的文化資產！

「我是海山煤礦出生的，從小就是在海山煤礦。」一九七七年出生的阮紹強如此說：「我們老家是池上。」

這就是非常典型的臺灣阿美族移工範例。在臺灣，許多高工資但高危險性的工作，經常吸引不到福佬人或客家人願意將青春與生命投入，不少業主只好遠赴花東原鄉招募人手。

問阮紹強：「池上好像上來不少喔？」他說：「不少，爺爺跟我說，一開始跟著他的女婿，也就是我姑丈，他們先到金瓜石，金瓜石好像人太多，後來又被介紹去菁桐，我們家就在那邊落腳了一年。」據他說，那時還沒有整個家族北上，先來的在菁桐住了一年，再被轉介到海山煤礦。海山那時候好像缺工很嚴重，他爸爸當時才上來，就此跟著入坑，那時才十七歲。直到他爸爸北上，整個家族才算齊聚。阮紹強解釋所謂的家族，指的是爸爸、叔叔還有爺爺。

與其他的族人相較，他們一家人北遷的時間算早。阮紹強的爸爸是四十年次，因此估算他

阮紹強訴說的過眼雲煙，是礦業田調珍貴的文化資產。（朱健炫攝，2019，九份）

入坑時間應在民國五十七年，阮紹強推論：「五十七年之前他還在台東，但是爺爺跟姑丈已經先上來找工作了。」簡言之，他們家族北上齊聚，應在民國五十七年左右；前此，先行者在菁桐的臺陽已待了一年。

東部原民變北遷礦工討生活

為進一步了解當時北遷原民移工細節，透過阮紹強聯繫、拜訪了阮爸爸——阮金生。

一九五一年出生於池上關山的他，目前擔任建設公司的工地保全，為人十分健談可親，對於來訪他感到驚訝卻也很高興。

阮金生描述，最早是老爸跟姊夫，以及姊夫的哥哥、弟弟們一起先北上的。這也呼應了當初兒子阮紹強的說法。

阮金生詳細說明：「他們（阮金生的父親和姊夫等人）認為一直在池上沒什麼發展，也沒什麼工作啊，這麼艱苦的生活！」後來他們想到，有一個做礦工的鄰居回池上，那個鄰居告訴他們：「你們要不要做礦工？非常好賺。」他們聽到這個消息，想說：「耶！那好耶。」大家商量後決定上去

阮金生（右）對於來訪感到驚訝卻也很高興！
（朱健炫攝，2020，九份）

看看吧。阮金生補充說：「那時大概是民國五十五年。」

當時，阮金生的父母上來是先到金瓜石。阮金生說：「他們是先在這裡（指金瓜石），不太適合。聽說太嚴格了，做不下去！後來他們聽到消息。菁桐那邊缺人，那裡也是臺陽的，他們就搬到菁桐去……他們在金瓜石才待一個月。」

阮金生接著講，有一次姊夫從臺北回來，告訴阮金生及家人：「乾脆你們都到臺北工作好了。」當時阮金生只知道姊夫在公司上班，他家三個年輕人聽說在臺北工作好賺錢，而且還是在公司上班，直覺不錯，於是阮金生包括媽媽、弟弟、妹妹就一起就上來了，一家人在菁桐會面。

阮金生苦笑著說，上來後才知道那個所謂公司，原來是煤礦公司！

原鄉家園被平地人詐占

曾不解地追問阮紹強：「為什麼家族要跋山涉水，遠從台東來到北部？」得到的是無奈且心傷的答案：「我們離家的理由……就是因為土地都沒了嘛！」

這答案乍聽讓人驚訝，但深究後就一點也不意外。一年多來與許多阿美族朋友的訪談中，發現這是非常普遍的現象——光復以降至民國六十年代前後，許多平地人假借合作名義，在契約中以詐術誘欺不識字的原住民，騙取甚至豪奪他們的土地，諸多惡行惡狀層出不窮！

阮紹強難掩悲戚地說道：「被騙走了。不知道怎麼騙走的，因為老人家可能也不識字……」

一直以來，這些原住民被騙走土地的故事，幾乎都如出一轍。因為大部分老人家都不識字，很多來自平地的不法者，就假借合作投資的名義，畫了一個光明遠景的大餅，便叫你簽合約。

阮紹強說：「因為大部分說法好像都有投資啊，好像之後會什麼什麼的，但到最後都不了了之。因為也看不懂（合約），其實是（土地）已經被讓渡掉。」

可以說，當時很多人就是因為這樣子才不得不北遷尋求活路。畢竟事過境遷難以追索，阮紹強悻悻然說：「沒辦法查證，因為他們也不懂（法律）。」

為進一步了解原委，就此事請教阮金生。他回憶說，當年他們家在池上原本有一大塊地，包括水田和旱田，單單水田就有八分地。後來有族人回部落說投資了煤礦，來招攬阮金生的父親加股，父母不疑有他，除了參加投資並為公司作保，結果發現是個騙局。不僅資金要不回來，更因為田地被抵押作保而遭拍賣或沒收！

一夕之間，他們變成一無所有。

阮金生形容，爾後他們日子過得非常悽慘，一家人到處打零工，借人家的水田耕作，淪為佃農幫人種田……

在那年頭，類似這樣泯滅人性的劣跡時有所聞。不僅海山的阿美族中有人如此，建基那邊也有許多人同樣遭詐騙而淒然離開祖靈的故土，最後為求一碗飯吃，只得毅然北上。一群人不是下坑就是出海，過著所謂「未死先埋」（意指入坑），或「死後無法埋」（意指出海）的悲情生涯。

因為祖祖輩輩留下的土地被騙走，一切就都回不去了。如果當時在原鄉還有家園，「也許我們生活會不太一樣。」阮紹強說。

海山十三棟——我的出生地

被收到書中的阮紹強兒時影像，拍攝地點並不在土城的海山，而是瑞芳的建基。

當他看到照片的直覺反應是「哇！」有點驚訝，開始慢慢回想，後來是弟弟阮紹文指出其中一位說：「欸，這個好像就是表弟呀！」於是他就把這照片再轉給表弟確認，表弟證實就是在他建基的家拍的。

阮紹強說：「建基我們是太常去了，從小就是跟著爸爸媽媽去，夏天就是被爸媽帶去游泳，建基的海域就是從小玩到大。」

講到玩水，之前聽幾個來自建基的族人講述，當年常常偷溜進坑口附近的大「フロ」（日語發音 furo，漢字寫作風呂，即浴室之意），小孩子最喜歡泡那個大澡堂玩水、嬉戲。阮紹強聽聞頗有同感地說：「對，那邊（建基）好像還有留著吧，我還有看到。」問他：「你們海山這邊也有吧？」他眼睛一亮興奮說道：「有，我印象很深刻，爸爸會帶我們去，有時候就是因為房舍太多人用廁所要洗澡，那個下班的人都很多，只有兩間可以用，所以我們孩子是要在那些大人回來之前趕快洗。如果我們還沒洗，那可能就被爸爸帶去坑口那附近洗，再帶回來。」講到這，大家都會心地笑了出來！

但要回溯阮紹強的童年，仍須返回海山煤礦……

阮紹強說他出生於海山煤礦工寮，俗稱十三棟。「十三棟，我就記得叫十三棟。」他特別強調。

提起「海山十三棟」，幾乎無人不知、無人不曉。那是礦方特為阿美族礦工與他們家人興建的安身之所。因為整排共有十三間工寮，所以習稱十三棟。

很巧的是，阮紹強家就是「十三棟」的第十三棟。問他：「那就是已經快靠近山坡那邊？」他說：「對，就是你可以看到丟石場。」他說的丟石場就是所謂的「捨石場」，不過官方地圖都標註作「廢石場」（建基煤礦亦然）。

由於所住地方位居連棟工寮尾端，鄰近捨石場，阮紹強形容在傾倒石碴時：「你就可以看得到它爆破啊，可以聽得到那個聲音啊，然後下面就會有堆廢石的大空地。」

對於在工寮出生、長大的小孩而言，曾經，海山的工寮看來是如此地巨碩，猶如一條長龍。阮紹強回憶說：「其實就小時候覺得（十三棟）很大，但是我後來有再回去，感覺就變小了。其實就只有那一整排樓房。」

好奇問他：「工寮有三到四坪嗎？」他說：「沒有，很小。」隨行訪談的前海山行政主任

1976 年，擔任礦工的阮金生，攝於十三棟。（阮紹強提供，1976）

海山煤礦常常可見的親子之情，以及浴場場景。（朱健炫攝，1983）

羅隆盛補充：「差不多兩坪左右。」「一戶算一間是嗎？」羅主任：「一戶算一間給你，如果多一、兩個小孩就多給你一間。」阮紹強接著說：「我家好像就只有兩間，後來旁邊再弄一個工寮，我爸媽的新婚房是擠大家的工寮房。」

一直以來，海山的工寮都是磚建的，但是較靠近後山有一些木造的，羅隆盛指出那是礦工們自己建的。

煤鄉與原鄉的距離

「所以說，煤礦的那些生活對你事後的影響也是滿大的吧？」有感而發地問他。阮紹強笑笑：「應該是說，你看我們在這邊（民宿）弄這種東西，就是比較走懷舊風，不管你自己喜歡的東西也好，那種懷舊風其實就是被那種生活影響。」

關於礦場工寮的生活，他說：「其實滿特殊的，為什麼我們後來會喜歡九份，那就是舊礦場的味道，房子什麼都覺得好熟悉！然後，那時候十多歲高中，也在學拍照，就專門來這邊（九份）拍，也跑去菁桐，卻都不太知道，其實這些都是老人家待過的地方，就會特別懷念那個風情！」若有所思的他繼續說道：「因為你小時候的地方完全凋零了……小時候真的很熱鬧，而且在那邊你有另外一種跟人家生活階段不一樣的環境，因為礦工生活跟外面都市生活不一樣。」

問他：「你有沒有覺得，其實在海山工寮那一段時間，族人之間的感情反而更好？會不會？你離開的時候還是一樣嗎？」。阮紹強點點頭：「雖然大家從那邊搬離開了，可是你也不

海山工寮那段時間，族人間的感情反而更好。
（朱健炫攝，1983）

會覺得說距離很遠，像那些周邊的親戚們也都沒有住得很開，頂多就是整個大土城分（開得）遠一點，但是基本上在市中心大家的生活都很貼近……像我們昨天也是回去土城，因為有個表妹要結婚，大家就要回去。」他的結論是：「其實我們（最後）還是回去土城，大家（最後）聚集起來的地方都是土城。」

無可否認，事實已為他們下了一個註解：其實土城已經是阮紹強的故鄉！

因此，當大家問他：「你不會把池上當你的故鄉了吧？」

他笑著說：「我們叫它老鄉。算是說，其實土城是老家，我會跟我的兒子說爸爸的老家在土城，但我爸爸的老家在池上……畢竟你生活了二十幾年都在那裡，你的成長都在那邊、回憶都在那邊。」阮紹強感性地敘述：「而且對煤礦的回憶其實都很深刻，因為那個是獨有的一種生活面，而且因為房子都那麼近，隔著牆壁都聽得到聲音，所以說那種生活情境是很難形容，是在都市感受不到的，而且你走到哪裡都是認識的人，大家都會跟你打招呼。」

阮紹強的表妹林慧珍對於工寮的部落文化類似「眷村文化」亦表同感。
(朱健炫攝，2019，台北)

工寮．眷村．柑仔店

當阮紹強一家人搬到土城比較市中心的時候，他說：「土城那邊有個眷村，我們就好喜歡往眷村跑，你會覺得那個眷村的感覺好像……」他想了一下：「有一點類似煤礦生活，因為很貼近，大家還是有一種零距離的感覺。」

他說除了零距離的感覺之外，還有另外一個感覺：「也一樣很喜歡鑽柑仔店，去柑仔店報到。」他笑說：「那時候很喜歡喝沙士，因為小時候就是在海山煤礦第一次喝到汽水，所以印象很深刻。」他做了個比較：「比方說煤礦生活，就是有那眷村的感覺，會有點錯覺地把它們聯想在一起，實際上就是一種很貼近人跟人之間的關係。」

後來訪談了與阮紹強同年次的表妹林慧珍（阿美族名巴奈），她對於工寮的部落文化有點像「眷村文化」亦頗有同感：「我對那裡（指海山十三棟）的感情也滿深厚，在那裡度過快樂的童年。那裡的人情味其實算十分濃厚，會互相幫忙，有點類似他們漢人說的『眷村文化』。」講到這她笑了笑說：「只是那裡原住民比較多。」

話題回到阮紹強的沙士汽水，就不能不提及礦區內的柑仔店……

他興奮地強調：「礦區的柑仔店，是孩子們的回憶，很喜歡去那個柑仔店買東西。」《礦工謳歌》裡有幀影像，貌似兩個孩童在柑仔店門口玩抽抽樂（編按：抽當，給店家錢，依金額自選幾支抽籤，看有無中獎可兌換獎品的遊戲），阮紹強看了直點頭：「對對對，主要就是因為這個容易買，因為那個時候錢很……」他反問大家：「算大還是算小？我記得老人家給我們一塊、兩塊我們就可以買到冰。」「那應該算大吧。」接著翻看書中影像，在十三棟對面路邊有間小木屋，問他：「這間就是柑仔店？」他直點頭：「對對對，那邊煤礦的柑仔店。」

阮紹強笑著說：「我們很喜歡在這裡竄啊，在這邊買吃的，然後就很喜歡看誰家裡有給零錢，就會跑來買冰。因為那時候一塊錢可以買兩支冰棍，就我很喜歡吃啊；還有喝到那個沙士，那時候都是用（塑膠）袋子裝，小時候覺得很期待可以喝到汽水。」

小時候在工寮，阮紹強最期待的是：世界展望會定期會來礦場分發一些國際救助，孩子們第一次看到折疊式的書桌椅。他很興奮地描述：「一家好像可以有一張，那時候拿到很開心，現在看不到那種折疊書桌了。上面就會有ㄅㄆㄇㄈ、九九乘法表，那個應該很少有。」

礦場裡的彩色電視機

其實礦工的收入很高，只要守得住，要致富並不難。

阮紹強說：「我奶奶是嚴格控制大家的錢。」「所以說才能購買電視。」他強調。

在民國六、七十年間，能夠有電視機的家庭應該不多，而且剛開始都是黑白螢幕。阮紹

礦區的柑仔店，是孩子們的回憶。
(朱健炫攝，1985，土城海山煤礦)

強說：「我們家的是彩色的。」他興奮地補充：「那個還有拉門，然後一個大木箱，要拉開這樣。」他說：「小時候印象中就已經有電視了，而且我們的照片，在老家裡面的擺設就已經看到電視，應該搞不好在我們出生前就有！」對比既定礦工家庭印象，這確實讓人很驚嘆！

臺灣自民國五十一年黑白電視開播，直到六十年底方有彩色節目。六十年代剛現身臺灣的彩色電視機屬昂貴奢侈品，非有錢人家不得享。六十六年次的阮紹強家當時已有彩色電視機，顯見奶奶的理財能力非同小可。

阮紹強回憶：「我爸爸就跟我說，裡面永寧村有電視的，特別是海山煤礦裡面，就只有我家。」他形容每當有精彩節目，左鄰右舍就都圍在門口或者窗戶旁邊觀看。

這確實是個鮮明的對比，沒能事先規劃的家庭，後來往往流離失所並衍生諸多問題。而有先見之明的，多先在土城或頂埔購屋定居，另外落腳。

關於電視，令阮紹強記憶最深的是半夜的少棒賽電視轉播，他家門口或窗外都圍滿鄰居觀賞，歡呼或嘆息聲不絕於耳。問他：「就看那個紅葉棒球？紅葉少棒裡面也都是你們家鄉那邊的人嗎？」眾人與他都不停點頭：「對！對！東部的。因為那時候那邊（海山）沒有幾台電視，就記得很多人（一起看）。」

阮紹強繼續說：「在海山的時候，你比較感覺得到人與人之間的關係比較密切。」他強調：「就很近啊，大家都住很近，整排很熟，然後孩子也多，我們那時候是龍年跟蛇年的孩子，都在那個時候出生很多。」

這時，他特別提到小時候比較會的語言其實是閩南語，因為生活周遭說閩南語的朋友比較

阮紹強的奶奶和背後的電視機，
於海山十三棟工寮。
（阮紹強提供）

用塑膠袋裝的沙士，
海山孩子們的最愛。
（朱健炫攝，1985，
土城海山煤礦）

多。他靦腆地說：「自己家裡的母語反而不會說。」

遺忘母（族）語的世代

於是話題很自然討論到「族語」的種種。

問阮紹強：「現在還記得母（族）語嗎？」他尷尬地笑笑：「現在就比較少，當然，（以前）到學校，那時候是不能說母語。」他解釋：「在那個教育下我們就變成說母語都不行。」

確實，對於經歷過禁止方言、母語年代的人，可以深刻感受：不同的時空下，各有不同的時代桎梏，這也是何以每個時代為了維護正義和解脫桎梏，更需要深切的反省和檢討。

如是種種，在總是居於弱勢的原住民族群中更為明顯。

阮紹強說：「我們那時候當然也不懂，因為牆壁上就寫著『說國語』，結果被迫後來變成連閩南語都說不好……其實我們小時候學得比較多的反而是閩南語，但是聽得懂大人說的阿美族語。可是呢，你在學校又用國語，那國語用久了，基本上閩南語只是聽，自己不說，可是我們倒是跟爺爺奶奶，大部分都是用閩南語，這是比較特別的地方。」

這是一件很有趣的事，跟自己阿美族的爺爺奶奶對話不會用阿美族語，反而講閩南語！阮紹強有點不好意思：「對，爺爺不太說國語，爺爺就是受日本教育的。」所以阮紹強的爺爺只講日語、母語跟臺語。

阮紹強解釋，因為閩南語是爺爺跟平地人溝通用的，自然而然他也都用閩南語跟孫子們對話。他笑著說：「到長大了以後也還是一樣。」

「雖然我們從小母語沒有學好，而且環境受限，但當時的童年生活非常快樂，所以我要讓孩子讀小學時，可以回花東體驗一些鄉下生活時光。」他的孩子在民國一一〇年九月入學，他們算是第三代跟第四代回鄉的人。

從「阿春伯」到土城國小、國中

礦工生活再苦，對子女教育的重視與旁人無異。

像海山這類大型礦場，大多自設有幼稚園。但礙於經費預算有限，通常較偏向托兒性質，不比外面立案的幼稚園來得有制度和專業。

阮紹強說：「我們都到人稱『阿春伯』的那邊上幼稚園，一棟三、四層那種的老公寓，我們小時候就在那邊上幼稚園。我們六十幾年次算是很早的前幾屆，我好像是第四屆，大概同伴都是一樣的，海山煤礦的都到那邊讀。」當然偶爾有些人還是會跑到土城市中心念，但大部分都在他們稱之阿春伯的那裡，他特別強調幼稚園叫：「正大幼稚園」。

問起就讀年齡，他想了一下：「大概三歲吧，我媽媽說我們兩歲半就去托兒所，先到土城的市中心那邊，然後才轉回來。」他回憶：「我記得土城讀過然後再回到正大。基本上在幼稚園待很久，從兩歲半待到六歲畢業。」

至於海山附設的幼稚園，則被安排在礦區裡的中山堂上課，像林慧珍就曾在中山堂上過一年，後來同樣轉到正大幼稚園。她也強調，那裡都是礦工的小孩在念。一提到「阿春伯」，林慧珍很興奮地笑了出來：「哇！那是我們小時候最喜歡去的地方。」

如今，海山礦工兒女口中的阿春伯早不在世間，但在已經變成大人的這群人心底深處，他早已是童年記憶中的一部分。

由於地緣關係，海山工寮的孩子幾乎都是循序從土城國小到土城國中接受國民基本教育。而這種同族、同庄與同學的緊密關係，即令長大後依然維持。

阮紹強說：「國小在土城，國中也在土城，然後我們……其實朋友一直也都住礦場裡面，所以說我們國中下課，像以前上到禮拜六，因為朋友都還是住（礦場）裡面，下午沒事我們都跑去朋友家，一直到了高中都還在（礦場）裡面玩。」

阮紹強在六歲時就隨著父母搬離海山而住到土城市區，因此對海山曾經蟄居的工寮，有著一分懷念和親切感，何況裡頭仍住著更多兒時的玩伴。

對此，阮紹強深有所感說著：「沒辦法，因為朋友也住裡面，然後我們就習慣往裡面鑽，常騎著摩托車——那時候已經會騎車——就往裡面鑽，找朋友……就是對整個礦區的感受滿深的，也會記得小時候玩哪裡、玩哪裡啊。」

同是礦工兒女，有人念的是「華興中學」？

同樣是海山礦工的兒女，但有些人讀的國中、小卻不在土城，反是種被特殊安排的待遇（或說是種禮遇），因為念的是「華興中學」。

六二〇海山災變，對於當時的臺灣工業及經濟是重大打擊；而對於置身海山煤礦的人、事、物，那毋寧是摧毀性的災難！

一九八四年六月二十日，林慧珍的父親在那一天並沒有從坑底回家。四日後遺體終在三斜坑被找到，整個家庭頓時失去了依靠。那時，林慧珍才七歲。

三十五年後林慧珍接受訪談，她好不容易走出了陰霾，對父親的遇難，終於放下了心裡深處的怨念，反而在絲絲哀愁中充滿對各界的感謝。

「其實那時候對於海山災變礦工的家屬，政府有做了一個配套的措施。」林慧珍悠悠說著：「就是幫助像我們這樣的家屬，如果真的沒有錢養育兒女，可以到宋美齡開的一所學校，私人的，從幼稚園、小學一直到高中，都是免費就讀。」問她：「華興嗎？」林慧珍立刻點頭：「對！對！」

於是，有一群小朋友就此遠離土城，寄宿陽明山的學生宿舍，負笈華興。

仔細深思，至少，當年政府在保全一九八四年三大煤礦災變中突然失怙孩子的教育權，確實下了工夫。除了安排罹難者的孩子一切費用全免至華興就讀，也在各界善款中撥存一億五千萬作為爾後受災家屬學童的教育費用，直到大學——雖然這筆錢事後被有關單位疏忽了二十八年遲未撥付而遭批判，後來才得解決，但當初政府對維護受災礦工子女教育權的用心依然值得肯定。

就此，林慧珍成了華興的學生。

而儘管政府立意良善，但現實是：這群孩子難免會遭遇「適應不良」的問題。

林慧珍說，很多孩子包括她後來都轉回來土城念書。她也問一些學長姊為什麼要轉回土城？大家幾乎有種感受，在華興雖然父母不必考慮到錢的問題，一切都是免費的，但相形之下，他（她）們總覺得那是種罪惡似的待遇！林慧珍說：「好像因為是免費的，所以他們要付出其他的勞力，為其他的學生做一些事情，可能因此受到一些言語上的欺凌，覺得還是寧可回來讀書好。」

他們在華興讀了四、五年，覺得並沒有比較好。林慧珍感慨地說：「因為一切都是免費的，對於身心靈的發展，或個性上的發展，都有著無比的壓力！我們覺得住在海山這裡，反而比較健全。」

部落化的工寮生活

海山的工寮生活，於阮紹強猶如一座龐大的記憶庫。那裡的一磚一瓦，幾乎成為他懷念的依傍。

「你們阿美族的工寮，就像個大部落。」觀察諸多實例後有著很深感觸。阮紹強聞言猛點頭：「對！沒錯！」他說：「很有意思，在那邊你哪一家、哪一家都是用番號、幾棟幾棟的人，來知道說你是哪個位置。」這是由於海山十三棟乃是以棟次編號來指認該間工寮所在，所以，他進一步說明：「我們都是用房子的編號來知道說這個人是哪個位置。小時候聽他們說幾棟幾棟的發生什麼事，就大概知道是誰，像是生孩子啊、人過世啊還是什麼的。到了我們搬出來，每次我爸爸他們在講或想到誰的時候，都是用那個房子的編號，就知道是以前住哪一棟、哪一棟的人。」

這種部落式的生活型態，恰可印證吳念真導演講過他小時候在大粗坑生活的事蹟。

吳念真導演敘述整個大粗坑村民如同一家人，孩子好像歸所有大人管，不管哪個孩子做錯事，不必爸媽管，隔壁叔伯鄰居看了一樣照打。（朱健炫攝，2019，台北）

曾經訪問吳念真導演，聽他敘述兒時在瑞芳大粗坑礦區的生活，村民都好像一家人。村裡的孩子，基本是所有村裡大人的「管區」，只要哪個孩子做錯事，根本還沒到爸媽管，隔壁的叔伯看到了就一頓打。

他說有一次尿急，臨時在路邊撒一泡尿，被隔壁的叔叔看到，當場巴頭。他當下不敢吭聲，回去告「御狀」，結果不講還沒事，講了又遭爸媽追加一頓揍！

聽了導演的故事，阮紹強笑說：「是真的！是真的！我們小時候就是被一個叔叔……小孩子不聽話，叔叔叫我們站一排打屁股，你知道他是長輩所以也不敢動，因為不聽話嘛。反正就是所有大人的話我們都覺得應該要聽，不管是哪個大人講我們都聽。」

阮紹強一家搬離海山工寮時，六歲的他還不能進小學，所以爸媽還是安排孩子們回海山煤礦那邊讀幼稚園。儘管已不住海山工寮，但阮家的朋友還在那邊，所以他們常常來回穿梭土城市區跟海山煤礦。

因此，阮紹強說：「其實對我們來講只是搬出來，家裡的那些朋友啊、要聯絡感情的人啊，都還是在煤礦那邊，常常也都要過去。」他強調：「我朋友也都還在那邊，我們也都是這樣子。所以說那個生活的面向讓你比較有那種懷舊風格、懷舊情懷，對那種老東西比較有印象。」

關於海山悲劇的回憶

「海山發生事情的時候，是民國七十三年，你那時候才六、七歲？」對於提問，他想了想：「大概七歲吧。」他接著說：「小學一年級，我記得很清楚，是因為我們雖然已經搬離開一年，我不會忘記那個印象。那一天我在新家附近，在同樣從海山搬出來的一個同伴家的樓頂玩。」

阮紹強描述，那天下午他們聽到救護車的聲音從土城中央路一直呼號……整個下午不曾間斷，當時他們也不曉得發生何事。一直到了快傍晚，那個同伴家有人回來說海山出事了！然後大家都很緊張說要趕去礦場。

阮紹強說：「然後我就聽他們說海山煤礦好像爆炸，我們也嚇一跳。」他回憶當時，他回到家的時候他爸媽也不在，原來都趕去海山了。因為他們有很多認識的人在裡頭，尤其他爸一個最好的朋友正在坑內情況不明。

後來回到家，阮紹強說他們全家就是一直守著電視、盯著新聞，他的印象一直很鮮明。特別是看到認屍的冰櫃放在眼前，那畫面令人非常震撼！

「那時候我們一個禮拜沒上課，因為我爸媽跟家裡人完全沒辦法照顧孩子，只好幫我們請假帶去煤礦。」他說：「我們小時候第一次放那麼長的假是自己請的，爸爸媽媽幫我們請事假。」主要是沒辦法分身照顧，怕孩子回到家沒有人，他說：「因為全部叔叔啊爸爸啦通通在煤礦等待，甚至要幫忙指認是誰。我就記得很清楚那一個禮拜都在煤礦裡面等那個、看那個送出來的人、冰櫃啊什麼的……」

阮紹強回憶：「有一個同學的爸爸也上了新聞，他是海山煤礦自救隊，自己去做救護的。他當天本來有班，但因為忘記帶身分證，那一班就進不了，要等下一班入坑工作，哪知道就在當天下午就發生災變！」他繼續說：「他們要自己進去救，後來好像很難救。他出來的時候那個畫面被拍到，是戴著氧氣罩，正接受治療。」

筆者聞畢很驚訝說：「其實那個畫面我有拍到，跟著一群記者，有平面也有電子媒體……」

救災的那個禮拜，整個海山都處於淒風苦雨之中：在地的、外來的，無論是礦工、職員、救難人員、憲警以及公部門的大小官，幾乎都陷入救難的風暴裡！

老三台的電視新聞不停播放，遺體一具一具地被抬出了坑……

阮紹強說：「他們說人在裡面都腫脹了，好像是吸入一氧化碳。然後，還有就是認不出是誰了。我記得我叔叔那時候準備指認他們認識的人，就開始清理屍體，結果指認到後面發現都不是，不是他（朋友），原來是認錯人！後來都憑那個身上的特徵去認人……他們進去也有號碼牌，有很多都憑著號碼牌認出來的。」

世代的傳承和關照

海山慘劇在當年臺灣礦業界掀起了颶風海嘯，不僅臺灣煤業的氣數自此終告式微，其影響層面之廣，自社會面的撫卹、遣散、搬遷，到居住正義面的部落抗爭，以至後續醫護面的勞保、礦工特有的肺部疾病醫治、公安職災的長期照護……等等，其紛爭延續逾三十年猶未完全止歇。

經歷過那段風暴，許多礦場長大的孩子逐漸了解問題的嚴重性。他們回望來時路，才終於明瞭當年父母從事的行業，有著多麼高的風險、多麼高的不穩定性。

阮紹強說：「發生災變的那個當下，我們其實還沒有足夠年紀深入了解甚至判斷。我們也是要到長大後才慢慢體會到，那個真的很危險！以前小時候也都不覺得，就只覺得那個是爸爸的工作，然後我們孩子玩得很快樂。」

「可是，」他感慨說道：「我們從來沒有體會到，其實它的危險性一直都存在，然後一直到我越來越大，網路資訊也發達了，可以查詢到更多資料的時候，才會發覺這些老人家，不管是爺爺、爸爸或叔叔們，還是其他親戚都在那邊挖煤礦。」阮紹強很無奈：「他們都是冒著很大的風險跟危險！」

其實，這種冒險的獨特精神是Amis固有的，是值得世代與世代間傳承和關照；而這種Amis世代間精神的傳承和關照，是族群生生不息的基礎。

事過近四十載，對於久離土城並山居九份的阮紹強來說，海山不只是一幕幕的回憶，更是人生旅路上一篇嵌入心扉的故事。
然而，比起悲情、荒廢的「海山」，重建整復後的「金九」，似乎多了一份幸運和福氣。

訪問日期：
二〇一九年九月九日
訪問地點：
九份阮紹強自營民宿

08 重回煤鄉尋根的女子

「礦工謳歌」巡迴攝影展期間，整個視覺動線的起點，或因展出單位、場地不同而有所調整；然而視覺動線的結尾，則毫無疑慮都是：〈最末，還有一個未竟的故事〉這一幅。

最後成書時，它也被安排在整本書之末作為結尾。

直到筆者被賦予重責重尋書中人，以求留下歷史素材，這讓筆者突然想找出她，讓她再度摭拾童年時光，將青澀歲月的點點滴滴化為臺灣礦業記憶的一環，把那些即將慘遭滅跡荼毒的文化遺產，至少還能拉住幾許衣襟袖角！

二〇一九年七月，幾經波折，終於再次聯繫上她，而有了一回跨時空的訪談。

每回攝影展覽，動線的結尾，絕對是這一幅作品。
（朱健炫攝，1987，平溪菁桐煤礦）

壽豐．遙遠的記憶

她姓倪，名字是連好，是一名都會成功女性。育有一對兒女的她，目前與同樣從事教職的先生定居於臺北。眼前的她舉止雍容優雅，實在很難想像童年是在煤鄉度過艱辛困頓的酷貧歲月。

如今定居臺北，雖說這是個忙碌且安逸、繁華復喧囂，更為極度國際化的首都，卻是一處有別於遙遠故鄉——無論是壽豐幽幽的泥香，或是菁桐闇黑的煤味——臺北不啻是一個無法讓人深植記憶的璀璨京城。它，聽不到鳳林原鄉血源的呼喚！它，也擁抱不到白石小村孩提無邪的笑聲！

她說她四歲（或許是兩歲）離開花蓮，對花蓮仍有丁點印象……

「可能是四歲，但是有可能是更早之前，因為（是）在很早之前的記憶。」倪連好回憶著：「我只知道說，很小很小的時候。我還依稀記得我在花蓮（輕撫）那個泥土的時候，那種冰涼的觸感。」她感傷地說：「好像還依稀記得祖父、外祖父過世的時候，大家哭成一片的樣子。」她補充說：「所以，有可能是在四歲之前，兩歲之後那一陣子。」

這或許是她在隨父母離開壽豐之前，對出生地微薄的印象和粗淺的感覺。

倪連好的父母本不是壽豐人。媽媽是客家人，原姓蔡，後來因種種遭遇，過繼給一戶陳姓人家。她慢慢地追溯：「其實，那時候，我的父母並不是壽豐鄉鳳林村的人。我媽媽是養女，她招贅了一個夫婿，那時候她的養父母就希望他們自立門戶，他們倆夫妻就到山上跟原住民生活在一起，然後在那邊從事開墾。」她父母因此遷移到壽豐鳳林的山區。其實在山下，他們已生了六個小孩，除了倪連好的大姊、二姊仍留在養父母處，其他都帶上山。而她與另兩個孩子，則是在山上出生。

鳳林山區的原住民即是阿美族，他們夫妻在阿美族部落墾荒拓地、披荊斬棘。開墾土地的日子非常艱辛，後來，父母聽到北部有礦主到各部落去招募礦工，收入優渥，考慮再三，終於跟著阿美族人攜家北上來到菁桐。

菁桐，煤鄉變故鄉

一九六八年（民國五十七年）倪連好四歲，她的父母在部落友人的相約下，應徵礦場的招募，留下長女、二女陪在養父母身邊，帶著七個小孩一早搭著公路局客運北上蘇澳（當時還沒有北迴線），再從蘇澳換宜蘭線火車到瑞芳，再轉平溪線火車到菁桐。到了菁桐，他們一家住進了中埔的工寮。

中埔工寮位於平菁橋頭，從菁桐老街出來，過平菁橋左轉，沿一〇六號道路兩側的一大片地域即是「中埔」。因平菁橋面地勢最高，地形往兩邊傾斜。因此同樣是「中埔」，靠橋這邊稱「上中埔」，此地工寮叫「頂寮仔」；而離平菁橋較遠較低處稱「下中埔」，該處工寮則稱「下寮仔」。

礦工工寮只有較大型或具規模的礦場才有，例如李家系統的瑞三、海山、建基等煤礦，或顏家系統的臺陽礦業等等。即令後來有美援的挹注或政府高層的關照，以現在的基準來看，那

曾與倪連好的母親在篩仔腳共事過的臺陽女礦工高照君。（朱健炫攝，2019，平溪菁桐煤礦）

倪連好，一名成功的都會女性，很難想像童年在煤鄉度過艱辛困頓的酷貧歲月。（朱健炫攝，2019，台北）

時的工寮都很簡陋。

「下寮仔」有一條「中埔鐵橋」橫跨基隆河，過橋後上坡，路分兩邊，左路爬階上去直通今日的「菁桐礦業生活館」（原鐵路員工宿舍）下方，可與菁桐老街銜連；右路上去則會到菁桐國小。這橋就是現在年輕情侶暱稱的「情人橋」。

「那條橋就是我們每天上學的橋。」倪連好說：「一過橋，很快就到學校。」倪連好一家就住在「頂寮仔」，她上學便是沿著河邊走到「下寮仔」，再過橋。

曾與倪連好母親陳雲涼在篩仔腳共事過的臺陽女礦工高照君，她跟倪家在中埔工寮是鄰居。她如此形容：菁桐這邊的工寮是一棟一棟的，兩邊共有十二戶房子，每戶約二至三坪，中間是走道，頭尾都是廚房。

她說，每天都要等到四、五點電力公司才會送電過來，早上都是不供電的。她描述：「那年代很辛苦，還要自己拿著大水桶到外面挑水，洗衣服也都是要到旁邊的小溪洗。」

三姊弟礦坑驚險記

倪連好自幼來到菁桐，但入讀菁桐國小的時光只有短短的一年。因為八歲時，她爸爸在坑裡被礦車輾傷，腳趾斷裂，為了獲得更好的醫療，不得不離開菁桐。

雖然在菁桐僅有幾年光陰，她對當時童稚歲月留下的點點滴滴依然十分清晰，且萬般懷念。特別是看到《礦工謳歌》裡的照片，倪連好說：「在互相映照下，忽然就讓我想起童年的時候，我是如何帶著我的弟弟，那時我們三個人年紀都是非常小的，然後……到礦坑去找我的爸爸、媽媽，因為我肚子餓得厲害！」

她們三個小孩摸黑進入礦坑，結果，倪連好說：「弟弟不知怎麼樣地摔進泥坑裡面，滿臉汙黑，哭著要找爸爸媽媽……」她說：「但是我們找不到爸爸媽媽，因為裡面一片漆黑！」她回憶著怎樣帶著弟弟找父母：「後來，媽媽出來了，趕快帶他去沖洗。」

倪連好補述，在她的印象中，礦坑坑口附近有浴室，還分成男女兩間。媽媽特地帶弟弟到女浴室沖洗。

關於這段往事，倪連好說今早才跟她媽媽通過電話，她媽媽年紀已經很大，記憶衰退得非常厲害，對於這個過程，她已記不得，但是，媽媽告訴她說，弟弟那張烏漆的臉，她永遠都不會忘記！倪連好描述：「我跟媽媽開個玩笑說，那個『永遠』不要講了，可能今天還記得，明天或許就忘掉了！」

「所以，妳也有到那個選洗煤場或礦場？」偕同訪問的王新衡教授問：「妳剛才講的是弟弟，那妳自己有到選洗煤場找媽媽？那時她在工作嗎？」

「可能有。」倪連好說：「因為那個時候有一部分的路我們是都可以進去的，只是裡面都是泥碴或是什麼的。」她特別強調：「我們小時候是可以進去裡面的。」

礦區是孩子們的遊樂場

依據倪連好的描述，一九六〇年代石底大斜坑都還在運作，所以她的父親應該是在俗稱「舊坑」的石底大斜坑工作，而非所謂「新坑」的菁桐坑那邊。

其實什麼坑對於當年的她，根本是說不上來的。因此談到她們遊憩的地點，她想了一下：「……六坑可能是，是不是比較接近現在的平菁橋？」

「沒有六坑。」筆者告訴她：「五坑是在光明路那邊，比較接近平菁橋的是二坑，一坑在薯榔村，三坑已經到平溪那邊去了。」

倪連好形容如何橫越鐵路到礦場找媽媽：「其實就在這個地方（指的應該是菁桐車站後方的卸煤櫃）的旁邊，我每一次都是從這邊，後來經過一個浴場，然後我們就會繞上去……那個上面有他們的管理行政中心。」

「喔，事務所那邊。」筆者恍然：「那裡那時候是大斜坑……如果妳要說大斜坑是六坑，也是可以。」

聽她描述如何上階梯去礦區找媽媽的點滴，霎時浮現腦海的，全是菁桐車站後方，跨過鐵路上山到石底大斜坑的地形地物。

倪連好說：「因為那個時候有一部分的路我們是都可以進去的，只是裡面都是泥碴或是什麼的。」
（朱健炫攝，1985）

無論是倪連好家的幾個孩子，或其他礦工的孩子也一樣，那個年代礦場周邊任何地物，都是他們的遊樂場。

「嗯對，反正弄得一身黑之後就可以去礦場那邊洗澡。」倪連好笑著說：「那個地方有時候管理者是權力很大的，態度也非常蠻橫，那可能就會兇、可能就會罵。」

「小朋友可以洗？」大家好奇地問。

「可以，小朋友可以洗，好像有分男女，可是我記得我的弟弟都跑去我們女生那邊，因為他年紀還比我更小。」倪連好回答。

「有分男女？」「對，因為那個，一定要分嘛。」倪連好不禁笑出來：「不然的話，因為男礦工跟女礦工不可能一起洗啊。」

北遷家庭的抉擇

「在礦場的每一個位置，都是代表童年的回憶。」倪連好如是說。那時跟什麼樣的朋友去礦場玩，倪連好都還記得玩伴名字。一直到了成年，甚至年過三、四十歲了，她依然會很想念他們。

倪連好回想搬到永和的時候，她的兄姊都陸續到外面去工作了。跟她感情最好的是六姊，曾短暫在礦場一起生活，並度過了她的小學時光。倪連好很心疼六姊，她說：「她的人生是比較曲折的，因為我的父母到菁桐來的時候，她又留下了我六姊，去幫助我的外祖母，我外祖母的眼睛那時候是看不到的。」

礦工推台車出坑。坑道內充滿了各式各樣的辛酸血淚，
倪連好的父親當時工作就是推台車。
（朱健炫攝，1986）

倪連好的父母總共生了九個小孩，倪連好排第七；離開花蓮時，他們就留下六女在老家。倪連好說被留下的六姊當然過得非常辛苦，畢竟還是國小的小朋友，卻要照顧一個瞎眼的老人。有時被別人欺負了，甚至被狗咬以致整條腿發膿了，也沒有人幫她！

後來，倪連好的母親覺得不妥，才把六姊帶到菁桐，但沒多久六姊國小畢業，就到外地上班去了。而在全家搬到永和後，就把外祖母接來奉養。

關於礦坑的記憶，她心有感觸說道：「在那個非常困苦的年代，或許很多的人都帶著這樣烏黑的臉從礦坑出來。那裡面呢，充滿了各式各樣的辛酸血淚。我的父親那個時候是在礦坑裡面推台車的，一次不小心，他的腳、腳趾，就輾斷了！」

在那個勞保工傷未完備的時日，撫卹救助根本是奢求。倪連好委屈地說：「輾斷腳趾在那個年代，當然不會有很多的什麼撫卹，就是自認倒楣！」她記得那個時候，父親就是因為腳輾斷了不能工作，被送到醫院。媽媽呢？一方面仍在礦場選洗煤場工作，二方面又要去醫院照護父親，偶爾還需帶著孩子們打理一切生活和功課，幾乎是蠟燭三頭燒！

記憶中的兩座橋

談到「平菁橋」，在那個環保概念薄弱的年代，橋下是天然的捨石場。

「你知道他們那個時候，剩下的泥碴直接都傾倒在那邊，那個時候溪的旁邊是堆了非常非常高的泥屑，然後還有一些賣水果的會在那邊做買賣，他們也會把一些不要的水果，就爛了（的）就直接丟到橋下那裡。」倪連好回憶著。

中埔鐵橋被現在的年輕人暱稱為「情人橋」。
（朱健炫攝，2020，平溪菁桐）

透過她的描述，不難想像四、五十年前的平菁橋下是什麼模樣。而據同是女礦工的高照君說，坑裡運出的石頭，大一點的石塊送捨石山，小碎石頭就往橋下倒，橋下就是基隆河。

倪連好說：「那個時候的水還非常地深，所以有一些小朋友也會往橋下跳。對，然後我們去上學的時候也會有另外一座橋，不知道是不是現在所說的情人橋。」她形容：「我只記得那好像是一座木橋還是怎麼樣的橋，那個地方也是雨水一下，水就淹得非常高。」

問她：「上學，那妳指的是不是現在的中埔橋？在中埔那邊？」她回答：「有可能，因為我對地名……當時年紀那麼小，也不是那麼確切知道。我上學會走另外一座橋，而前面那一座橋，可能就是我要去找媽媽或肚子很餓的時候……」

後來請教高文祿有關倪連好描述地點的正確位置。高文祿是平溪資深文史工作者老，同時為知名導覽達人。他在「中埔鐵橋」（情人橋）上，面對著前方的「平菁橋」指出：右邊的斜壁正是以前礦方傾倒石碴之處，更因此阻斷河流，造成平菁橋至民生橋間形成堰塞湖！而民生橋至平菁橋間的河邊一帶（即今所謂的北海道區）就是舊菁桐銀座之所在，除了店家，常有水果攤販聚集。

倪連好笑著說：「那個時候我們會有一個本子叫做賒帳本，你可以拿那個賒帳本，可能賒個一包麵啊或是一塊麵包之類，可以先記在帳上。」「妳是用卡？」筆者好奇地問，因為礦工作業完的礦車經過檢量室時，都會發給一張卡，上面註明今日坑內績效的點數，並折換成工資（瑞三煤礦謂之「工資領收卡」），臺灣的礦工都謂之「卡魯」，實是日本人外來語「卡片」カード（英語card）之變音。礦工可以憑此卡到礦場的福利社賒帳，且註記於卡之背面，發工資時再由工資中抵扣。

倪連好急忙否認：「沒有沒有，就是有一個本子，他會在上面記，會給那個商家來記。」她補充說明：「我們那個時候，不是在福利社買東西（所以不能用卡），我們只是在附近的商家，可能買個雞蛋什麼的。用那個直接記在本子上。」她笑著說：「以前的人真的是，那個本子如果丟了不就都直接不用還錢了嗎，現在想起來也是滿有趣。」

於是，在菁桐煤鄉的小小倪連好眼裡，那時全世界只有兩座橋：一座小橋是上學必經的，一座大橋是去找媽媽的；另外大橋還有一個用處，就是肚子餓時可以到橋對面的柑仔店賒帳。

平菁橋下的爛水果

倪連好感傷指出，從小到大，有件事一直深刻於她腦海中，而且永遠無法忘懷……

有一次下班時分，她過橋要前去礦場找媽媽，當時她無意識地往橋下看，赫然發現母親竟在橋下撿拾商販丟棄的爛水果！

「我那個時候不知道基於什麼樣的心理！」倪連好說：「看她在那邊撿那些爛水果，我就回去了，我沒有接她。」隨後她母親回來，只見母親就把水果爛掉的部分削掉，留下那一點點完好的。

她難過地回想著：「可能三分之一或者是二分之一，全部都給我們吃。」倪連好說：「她是一個很愛吃水果的人，但她竟自己捨不得吃，撿回來的這個完好的、一點點殘剩的東西就留給我們小孩吃！」

整個過程聽她娓娓道來，不加任何修飾，每一幕都似真如幻卻又淒然地令人忍不住含淚！對她而言，這確實是件令她值得感懷、感念、感傷的回憶，她近乎紅著眼眶說：「這是一個生活物質非常貧乏的年代，所以在那個年代當中，就會覺得要好好地孝順父母……我們父母親是怎麼樣地辛苦！」

對倪連好來說，童年當中最棒的就是母親回家的時候，都會到福利社那邊買一些小零食回來。倪連好說：「其實那個時候的東西，現在講起來可能不算是零食，譬如說一包太白粉，沖了熱水加了一點糖之後就會變成現成的一個像飴之類的，就像是勾芡的甜湯那樣，也不是什麼零食啦。」

倪連好回憶在煤鄉那個酷貧的時期，家裡沒有什麼錢，都是賒帳。直到現在，她對臺陽礦場那邊的福利社依然覺得很棒，非常想念。

煤鄉尋根的旅程

即令時光過了二十餘年，倪連好也已結婚生子，但是對於孩提歲月的點滴依然難以忘懷。記得受訪當時她雙眼燦亮說道：「我的女兒已經二十幾歲了，但是在她差不多兩、三歲的時候，我先生和我在那時候，就帶著女兒進行了一個巡禮。」她十分興奮地繼續描述：「那也是一個人生當中相當值得懷念的時刻！帶著自己的小女孩去看看，媽媽曾經在這個地方度過的時光，然後回味一下，因為我已經很多很多年沒過去了。」言下難掩喜悅與懷舊之情。

「因為那個時候回去，整個國小的樣子其實沒有很大的改變。」倪連好回想著：「除了因為後來政府要做偏鄉的一個（計畫），各方面的設備還有那個資源的挹注，所以那邊變成了有點像觀光的景點。」然而，她印象中的菁桐國小，雖說那校舍部分已被整修得美侖美奐，可是舊有一層樓、兩層樓的建築，整個感覺跟她小時候依然是完全一樣的。

倪連好回憶國小念書時，靦腆地說她唯一得到一次獎學金就是在菁桐國小。「可能小朋友人數不多。我那個時候也傻傻的，老師說有獎學金，然後我們就很開心地帶回家。」倪連好笑著說道。

那次的尋根之旅，是他們家一個很大的轉折。

倪連好的先生是在北一女任教，他完全了解到倪連好對這個家鄉的情感。

倪連好說：「花蓮對於我其實沒有很深刻的印象，我最主要情感的來源是從菁桐出來的。」

令倪連好意想不到的是，她先生在二〇一七年特別幫菁桐的小朋友們辦了一場3D列印的教學活動，邀請他們到臺北的北一女來。

倪連好敘述說：「當天呢，除了教導他們3D列印還有一些相關技術之外，還帶他們到處去參訪，讓他們度過了美好的一天。」倪連好滿心歡喜地繼續說：「我先生邀請他們的時候有跟他們說，因為我的太太曾經在菁桐國小度過了一段非常快樂的時光……呃，沒有沒有。」她有些不好意思：「我其實只有念到國小一年級！」

念完菁桐國小一年級之後，倪連好的父親因為腳傷不良於行，就這樣結束了礦工的工作，搬到永和來謀生，而倪連好也轉學進入頂溪國小，全家也就慢慢從北遷變為定居於此了。

再訪菁桐——重返石底大斜坑

二〇一九年七月中，一次因緣際會，筆者偕同倪連好夫妻倆聯袂重返菁桐，再度踏上她魂縈夢繫的故鄉，來到已成煤礦景觀公園的原石底大斜坑遺址。

石底大斜坑已於一九七三年封坑。坑口周邊，正是四十多年前倪連好童稚時期的遊憩場。這裡的一草一木，隱隱然遺存了倪連好多少的回憶與懷思！然而，橫遭歲月遺忘的舊地，園區盡是頹垣殘壁。雖經市府挹注整修，卻已不復當年景況，在綿綿細雨之中，倍增幽晦、越顯淒涼。

此次前來，最令倪連好念念不忘的，應是當年常被媽媽帶來盥洗的女礦工浴室，可惜就是遍尋不著。日後在高文祿指引帶領下，才在石底大斜坑上方的荒草樹叢中，找到了浴室的廢

倪連好腦海中的景象已成霧嵐，每個殘破柱梁、斜壁都變得萬分陌生，難與記憶中的一磚一瓦、一石一炭相互契合。（朱健炫攝，2019，平溪菁桐石底大斜坑）

墟！可惜當次倪連好伉儷無暇參與。

離開石底大斜坑，趁天色未暗，繞往菁桐國小。倪連好突然想起要尋找那條她每天上學的小橋，眾人繞校園一圈，張大眼朝校外張望，後來才在校園某角落的窗外下方，發現一條前後都截斷且已腐朽斑駁的木橋，幾乎淹沒在蔓草之中。倪連好乍見驚呼：「是不是那座我以前上學的小橋？」她不敢確認，似乎也忘了記憶中小橋真實的模樣。後來，在高文祿指證下，確定倪連好懷念的小橋，乃是「中埔鐵橋」。

離開菁桐國小，雨勢漸大，車行至平菁橋頭。下了車，倪連好面對著一片高高的蔓草，其間夾著幾棟破落的木房，失望地嘀咕著：「我們住的工寮不見了！」問她：「這邊就是頂寮仔，也就是上中埔，妳以前住這邊沒錯吧？」她無奈地點點頭。

凝望面前偌大的荒蕪，她的眼裡閃著淚光。這種現實與記憶中的景象兜不攏的無奈與悲涼，於她是一件非常殘忍的事。只見她拿出手機試圖拍攝，然而環顧四周，也不知往哪邊按下快門才對。畢竟舉目所及，都不是她心扉裡深藏的那一磚一瓦！四、五十年過去了，中埔所謂的「頂寮仔」與

「下寮仔」，不但人事已非，竟連景物都無法依舊！

原先所規劃的故鄉巡禮，而今在風雨如晦下點滴消逝如雲煙。對倪連好夫婦而言，所有勾勒的美景竟悲情地只剩下無言的憑弔。

一夥人默默離開荒煙蔓草的頂寮仔。雨仍在下著……

風雨故里遇舊人

走出頂寮仔，穿過一〇六號道路，走至對街的一排矮屋。倪連好不死心地往每個店裡闖，逢人便問：「你認識一位陳雲涼嗎？四十幾年前她在選洗煤場工作。」找了兩三家，結果反應非常冷淡。

最後來到一家號稱「高家祖傳」，店名叫做「中埔阿嬤的店」。那天適好高家兩姊妹在店，兩姊妹也都六、七十好幾。妹妹高潔涵與哥哥高文祿是在地文史工作者，也是平溪知名導覽員，筆者由於田調關係與之熟稔，但與店裡姊姊則是初識。經妹妹介紹，知道姊姊叫高照君，年輕時正是在臺陽的選洗煤場工作。

聞此，倪連好喜出望外！

「妳認識一位陳雲涼嗎？四十幾年前她在選洗煤場工作。」倪連好抱著期待的口吻問。

「認識啊！」高照君十分驚訝：「妳是……她的誰？」

「我是她的女兒。」倪連好興奮地回答：「我小時候也住中埔。」

整個過程猶如戲劇般讓人無法置信，兩位忘年之人竟在故鄉重遇！只見四隻手緊緊相握，高照君上下打量著倪連好，似乎企圖從中搜尋些過往的蛛絲馬跡。兩人隨之在高家走廊忘情地聊將起來。

倪連好笑著回想：「我媽媽離開這邊大概只是三、四十幾歲而已。」

高照君凝望著她：「那時還很年輕。」

「對，還很年輕。」倪連好高興地接著回答：「雖然說孩子生了一堆，不過以前人都很早結婚。」

高照君感慨說道：「那時我們都在一起，我是那邊的班長。」倪連好很驚訝：「喔，你是班長喔！」高照君：「對，我是班長。」

倪連好掩不住內心的喜悅，對著高照君說：「難得還可以遇到我媽媽的好朋友！哈哈！」高照君握著倪連好的手，拍拍她的手背，轉頭問筆者：「你們怎麼認識的？」於是，筆者就把整個來龍去脈，詳詳細細地述說了一遍。聽完了這段曲折離奇的前因後果，倪連好不禁雙手合掌，高興地嚷著：「結果都串起來了！把所有人都串起來了！」

高照君開始慢慢地回憶，然後伸出右手比了個高度，看看倪連好，笑著對大家說：「那時候她還很小，這大漢而已（臺語，這麼大而已）。」

消逝的上中埔

倪連好感懷地說：「那時候車子載的煤屑弄得那個橋的底下堆得好高好高，那個汙泥啊，堆得滿滿的，好高，煤屑啊⋯⋯」高照君笑了出來，說：「難得啊，這麼多年了，你還記得。

倪連好與母親的好朋友高照君在菁桐相遇。（朱健炫攝，2019）

差不多五十年了？」

兩人漸漸談到了中埔的點點滴滴，並拍了好多照片留念。此時，倪連好突然抬頭，看了看高照君的店，疑惑地問她：「這個房子是？」「是以前的員工宿舍，是工寮。」高照君也抬頭看了看。

倪連好有些不解地說：「不是這種建築吧？這個石材有改過吧？」高照君進一步解釋：「後來是美援的，空心磚。」倪連好恍然大悟：「喔，美援的。一直是這樣的吧？」高照君說：「最早是木板的。」倪連好好奇地問：「這就是你們的房子喔？」高照君說：「對，我們的房子。」

其實，高照君目前所住的位置，正是臺陽未關場時的「電工寮」，是臺陽利用大量美援所蓋，供電機工住的，故稱「美援寮」。所謂「美援寮」，係一九六二年（民國五十一年）時，由於韓戰關係，美元大力挹注臺灣建設。在礦業民生方面，因為中埔地區工寮設施及規模較為完善，被政府選定為「臺灣省礦區基層民生建設實驗區」，這裡除了陸續興建宿舍、工寮、集會堂、兒童樂園等，更運用美國經援興建，故稱「美援寮」。

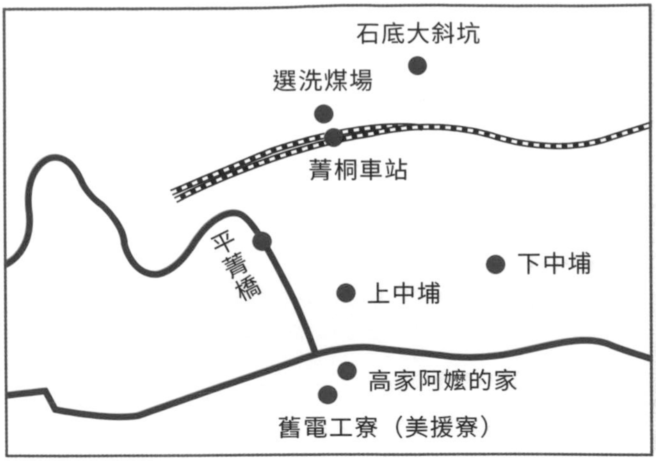

高照君現時居所，是臺陽未關場時的「電工寮」，亦即臺陽以巨額美援蓋給電機工住的宿舍。

高照君說：「以前我們是住在下中埔，因為房子已經老舊了。」倪連好聽了，問：「那我們是住在……」高照君回：「你們是住在上中埔。」好奇問她：「那是在哪個位置？」高照君再度起身，指著對街一整塊荒蕪，一一指點說：「我們東邊那是下中埔，這邊是上中埔，已經都拆掉了。」

不敵歲月摧殘，中埔已不再是舊時的中埔。如今的中埔，只剩一地的唏噓。

選洗煤場的青春歲月

談到過往的一切，倪連好有著滿心的感慨，高照君何嘗不是？

高照君回憶，她滿十六歲領了身分證可以辦勞保後就進入臺陽的選洗煤場。二十多歲便被選為班長。過兩三年，約民國五十五年左右，倪連好一家人來到菁桐，母親陳雲涼則進入高照君這一班，開始女礦工的生涯。

依臺陽制度，選洗煤場分兩班制，一班人數約有三十幾人，包含修理機器的師父以及篩選的人員。高照君進一步說明：「（每班）內部也有分指導員、班長等，指導員再下來就是我們整個班，會再選一個班長。一班是早上七點做到隔天早上七點，中間會有休息時間，每個人在工作時都是戴著斗笠包著毛巾。」她笑笑：「但大家的臉上都和礦工一樣依舊是黑漆漆的。」她們也跟男礦工一樣，下班時必須要到礦場的女浴室洗滌一番才回家。

臺陽菁桐選洗煤場的女礦工，是採做一天休息一天的輪班制。而所謂的選洗煤場，設備應包含選煤機和洗煤機。海山煤礦因為只有選煤機，因此只稱「選煤場」。但平溪線上的礦場，幾乎都兼備選煤機與洗煤機，所以稱為「選洗煤場」。

關於菁桐的選洗煤場設備，高照君解說：「有兩、三台是人工手選的，另外還有機器水洗的。人工的有鐵製的拉板（篩板篩選），還有輸送帶兩旁各站滿了人，再把石頭和煤炭手選分開來。」她進一步說明：「煤炭選出來後會放儲煤櫃，再用三十五噸的煤斗車載到台電火力發電廠去，八斗子那邊。」（選煤場流程圖，請見頁 140）

最後的嘆息

談起與陳雲涼共事的情景，高照君也憶起當年和同一班女礦工們茹苦含辛趕工的時光，回想大家從二十幾歲一直做到三、四十歲，那是一段同甘共苦的漫長歲月。

然而，先是一九七五年石底大斜坑封坑了，接著一九八七年菁桐坑收掉，臺陽礦業帝國終於吹起熄燈號。

那麼，礦工們呢？

五位女礦工齊力推著一台空的煤斗車至卸煤櫃下方，以便就定位後卸煤。
(朱健炫攝，1981，平溪菁桐煤礦)

煤炭篩選後會放儲煤櫃，再用煤斗車載到火力發電廠去。
(朱健炫攝，1981，平溪菁桐煤礦)

高照君說：「在我十六歲的那一年（開始），坑外從十八塊做到二百多塊，是很不錯的了！」

但她仍不忘抱怨：「可是，我們都沒有領到退休金！因為有進口煤進來，價錢也比較便宜，導致在最後退休時只領到了遣散費，而不是退休金。」她無奈地說：「等之後要辦退休的時候，就已經沒有了資格，做了二十六年卻沒有拿到退休金！」

礦工，曾是臺灣工業起飛和經濟繁榮的重要一環，但他們的退場卻比榮民、老農等族群的晚景更加淒涼！

回首五十年前那段與煤、石共舞的歲月，日日出生入死，男人擔心見不著明天，女人害怕盼不回男人。

高照君悠悠述說：「每個人都是很辛苦的，都得要平安回來才行。」

是啊，每天下坑，拚或盼的，其實也就是全家平安團圓啊。

訪問日期：二〇一九年七月十八日

訪問地點：臺北市復興北路、菁桐

09 文化部落的礦工兒女

某天，專案計畫的訪談聯絡人林賢妹語出驚人：《礦工謳歌》第一二二頁照片裡的小孩，現在就跟她住同一個國宅！乍聽其言，掩不住心中踏破鐵鞋無覓處的興奮！初步了解，他的名字叫黃文隆，父親是海山的礦工。他在海山出生，直到海山關場前都住在十三棟。

經過幾次約訪未果，終於在二〇一九年末，在三峽文化部落（隆恩埔國宅）的接待室與他相見。稍加端詳，發現他的面貌輪廓依稀可與書中三十五年前所拍攝的小孩模樣相映照！

近乎三十五年未見，他顯得拘謹和寡言，儼如當年那群成長於礦區的小阿美們，青澀且害羞。幸有林賢妹居間介紹，大家很快就打開了話匣子。

《礦工謳歌》中幼時的黃文隆（右後），與三十五年後的他兩相映照。（朱健炫攝，1985，土城海山煤礦）

異地生根：從玉里到暖暖

民國六十九年（一九八〇年），黃文隆在土城永寧村的海山煤礦出生。他聽父親講，大約在民國四十六、七年時，爺爺帶著父親、叔叔等一整個家族，從花蓮玉里搬到基隆暖暖。黃爺爺北遷暖暖挖煤時約二十八歲，後來聽說土城海山煤礦的工資更高，大約在民國五十年搬到海山，就一直工作到海山關場。

問他：「當時上來（北部）的時候你有沒有聽說是什麼原因才上來的？是因為這邊的工資高才上來的嗎？」

黃文隆說，聽長輩講是因為爺爺家裡那時務農，沒辦法賺錢，生活不易，加上小孩生養的多。儘管分家產時拿到一甲土地，但抵不過嗷嗷眾口，爺爺就把那一甲地賣給族親，然後舉家北遷。

黃文隆說：「因為他們只知道說當時做煤礦很賺，才搬上來……我爸當時也是很小，八、九歲就搬到海山煤礦這裡，他小時候也是在這裡成長。」

黃文隆說，爺爺是民國十九年出生，父親則是民國三十八年。從黃爸爸的年齡推算，黃爺爺的移工生涯應始於民國四十七年前後，與一般花東Amis移工相較，其實他們家族北上時間算滿早的。按照前海山煤礦礦務所副所長賴克富的說法，大缺工的時間點大約是民國五十六至五十八年，那時一些Amis工頭回花東招募人手北上的人數最多。

在旁的林賢妹也證實，民國五十七、八年左右，她的族人已陸續北上。她說：「我們五十六年來……我最小的弟弟，都還沒入保，十四歲就進去（坑）了。」她問大家：「要幾歲才能入保？」

黃文隆回她：「十六歲。」因為當時十六歲才拿得到身分證。所以呢？「大家都偷偷地進去。」反正場方是睜一隻眼閉一隻眼，而礦工們則是閉一隻眼睜一隻眼！大家各取所需，彼此心照不宣。

林賢妹說：「他們（黃家）還比我們早，那時候在我們的宿舍碰面的時候，聽他們一些老人在講，之前他們在暖暖礦坑工作，聽說海山比較好做。」不過林賢妹說：「其實也沒比較好做啊，當時民國六十年左右，一天才三十八塊、四十幾塊。」

海山工寮的新家庭

就在民國五十年代後半海山大缺工的年頭，黃爸爸也剛好拿到身分證，便跟著黃爺爺一起下坑，直到二十歲當兵。退伍後，畢竟礦坑工作收入較好，對家裡幫助也大，因此二話不說，依然入坑工作。民國六十七年與同住十三棟未來的黃媽媽相識相戀後，於民國六十八年結婚。婚後一年，黃文隆出生於海山煤礦的十三棟。

好奇問他：「就只生你一個嗎？」黃文隆翻開《礦工謳歌》，指著照片裡站在他前面的女孩，笑說：「還有一個妹妹。」

問他妹妹現況，黃文隆說，妹妹已嫁到大溪。其實妹婿以前也住在海山煤礦，他爸爸跟黃文隆一家同樣都是海山的礦工，之後聽說好像有了錢就搬到大溪了。

「他們以前小時候就認識了啦。」黃文隆說：「我妹婿正好是我堂姊他媽媽那邊的人，也是我堂姊的表弟，剛好那時候兩人介紹認識的，就結婚了。」

依一九六八年海山煤礦內部刊物《海山煤礦公司概況》中的〈員工職別與人數〉之記載：海山煤礦在一九七〇年代煤業正盛時，員工數高達一千三百多人，而裡面Amis的員工連眷屬少說也有七、八百人。這樣一個大型的聚落，很多青年男女在此相遇相識，然後結婚生子，是自然不過的事。

有了孩子，除了生養，教育也是一項課題。讓孩子受教育，對於基層的礦工家庭而言，或許未暇思索擘畫兒女未來，更多的反倒是眼前現實的無奈——讓所有礦工父母無後顧之憂！許多大型煤礦場都設辦托兒教育，它不只是幼教問題，更是勞工的福利。海山煤礦的中山堂即開設幼稚園，以供員工

（六歲）幼小子女就讀。黃文隆說，就跟平地漢人的孩子一樣，他們讀完海山的幼稚園，就銜接學區內的土城國小、土城國中，完成國民教育。

然而海山孩子的童年畢竟與外面不同，因為整個礦場就是他們的大遊樂園——無論是在坑木場追逐跑跳、推著空台車攀上爬下、趁大人不在跑到礦場浴室玩水，或嫌浴池太小就到洗煤水塘玩個夠，再不然沿路撿煤屑拾棄木或偷跑到海山門口磚廠玩耍，那是孩子們一方自在的天地；而唯一不敢偷溜進去的，大概也只有礦坑了。

進入礦坑的禁忌？

好奇提問：「那時候你妹妹也是跟你一起活動嗎？」黃文隆點頭說：「對，一起玩，一起跑去魚池。」魚池所在就是今日的土城原住民族生態公園。

離海山煤礦事務所不遠的坑木場邊，聚著許多小朋友在玩耍、遊憩。（朱健炫攝，1983）

海山煤礦門口磚廠（朱健炫攝，1980年代）

「那麼，有沒有人溜到坑裡頭？」

「很少，幾乎沒有。」

林賢妹在旁接著說：「小孩子不敢啦。」黃文隆直笑：「我們哪敢，會被罵死！」林賢妹說：「老人家就會說不能去，然後講一些有的沒有的傳說，到底有沒有我們也不知道。」

就像「女人禁止入坑，否則會帶來衰事」，這類無根據的「禁忌」、「傳言」，其實早被自日治時期女性即在坑內工作直到民國六十年代國府發布禁令為止的事實所打破，但可惜多有不識女礦工入坑採煤史實者，因此對於禁忌傳言仍信以為真。確實，基於安全性的顧慮，禁止兒童入坑嬉戲是必要的；但若因此編造些神鬼傳說嚇唬人，就真的沒必要了。

在歷次田調中得知，一些從小在礦區長大的受訪者，孩提時幾乎都有偷溜進礦坑探險的經驗，而這事一旦被家裡大人知道了，往往少不了一頓好打！無論是海山、建基、菁桐都一樣。

對此，林賢妹承認：「我們（女人家）就只走到坑口而已，那時候還在海山工作，我們只是要那個感覺而已，進去看看一下就趕快出來。」黃文隆也說：「是有進去過一段而已，很快就走出來，因為很暗。」

記得一次往猴硐拜訪周朝南，他帶領眾人進入「瑞三本坑」走了一段。當提及「女人入坑是禁忌」的傳說，周朝南每每斥其為無稽之談。順此話題，提出與他們分享。林賢妹聞言突然岔題，對於猴硐發展有感而發：「對啊，那裡（指猴硐瑞三）已變成觀光區，很可惜海山就沒有這麼做。」

眾人陷入深思與感慨：海山煤礦廢墟如果也能保留變觀光區，那海山周遭的人或許都將蒙福。看看猴硐、瑞芳、菁桐、十分與平溪，善用保存的礦業文化吸引了多少觀光客。反觀土城海山的礦業史蹟幾皆抹滅無存，怎不令人嘆息！

海山煤礦慘遭拆毀

「還記得六二〇海山礦災的事情嗎？」很自然地，話題又被帶到這邊來。

「海山發生事情的時候我是在街上，那時候我有聽到很大的爆炸聲。」黃文隆說：「但是，我到第二天才知道。」

林賢妹說，那時候她住在頂埔眷村附近，剛好眷村在廣播說海山爆炸，有一個阿伯特地到她店裡去跟她講：「林太太快、快，妳快點回去，把門關起來，回到海山煤礦，爆炸了。」

對於爆炸當時，林賢妹的印象是中午以前，大約十一點吧，她說因為太過緊張，具體時

一樣的位置，不一樣的景觀！
不見昔日的煩囂，卻見今日草木同悲！
（朱健炫攝，1985/2020，土城海山煤礦）

間已有點忘記了。問她：「應該有到十二點、一點吧？」林賢妹想了一下：「沒有那麼晚啦。」她認為應該十一點左右，沒有到下午。而黃文隆當時年紀仍小，還不太清楚，他所得到的訊息多數來自以後斷斷續續聽到的。

海山的爆炸事件，整個牽扯到海山的封坑，最後逼得上千人失業以致數百家庭流離！一九八九年海山關場之際，李家尚未要求員工搬離，但若願遷走的，每戶給十萬元的搬遷費。黃家選擇繼續留住，原本也相安無事。直到二〇〇四年開始，遠雄建設與海山談妥購地，即要求地上物須全部拆除交地。經全體族人與住戶請願無效，原本續留的原礦工住戶只能被迫搬離，緊接現存建物也在兩年間陸續遭無情摧毀，絲毫不留寸磚片瓦！

至此，始於一九一五年山本炭礦的海山煤礦，歷經近乎百年的歲月風華，不幸毀於一旦！此舉令文史工作者大譁，但已搶救不及，眼睜睜見海山遭毀滅跡！

二〇〇六年，遠雄終與李家簽約買下海山。黃文隆一家已在前一年被迫搬遷，當時黃文隆二十五歲。

儘管事過境遷，仍不免關心問他：「那後來搬走了以後，爸爸是去哪？」

黃文隆說：「我記得爸爸是去做製鐵的。」他細想了一會兒說：「以前做的地方，我印象是在要往樹林浮洲橋那邊有一個工廠，聽說它也遷了。我爸之前是在工廠做，之後才轉做板模。」

因為災變，致使身家工作無著，北漂生根的Amis們，只能繼續設法求存。黃家後來的際遇，也反映當時許許多多海山礦工家庭的遭遇。

城市原民的居住正義

問黃文隆，礦區生活於他是否有深切影響？他簡潔有力地回說：「感情會比較好！」言下之意是：整個煤礦工寮裡，大家的生活是一體的，關係都很緊密，所以彼此感情比較好。他認為這種榮辱與共的一體感，是生活在外界的人無法體會的。

黃文隆舉例：像小時候玩在一起的紹文、紹強，雖然後來他們家搬到土城市區，但只要碰面依然很熱絡。他們也會來海山，就跟我們一群人玩來玩去。因為朋友都在這邊，有時候走路過來，有時候坐公車，後來到了高中會騎摩托車了，就天天往這邊跑。

確實，阮紹文也講過同樣的話。海山就像個大家庭，以性命相託的礦工，如親人手足般相挺，而彼此家庭及生長於此的新生代，自然感情是更加深厚。

二〇〇八年，隆恩埔國宅的文化部落開始允予入住，黃家幸運中籤而搬了進去。同年，不遠處三鶯大橋下的三鶯部落，卻展開了一場血腥的部落住居保衛戰，而導火線恰是隆恩埔國宅的完成！

隆恩埔國宅（又稱三峽文化部落）最初係為安置三鶯部落住戶而建，因當時的臺北縣政府所訂門檻過嚴，以及違反原本「以租代購」的協議，致使許多舊三鶯部落住戶無法甚至不願遷入。北縣府遂以鐵腕手段強力拆除三鶯部落住居，以致掀起連綿不絕的風暴！

整起事件在二〇一二年終告落幕，但餘波依然蕩漾。流離於都市邊緣的原住民居住正義問題，仍然不容忽視。

與黃文隆、林賢妹就這些事件交換看法。由於文化部落位處國宅內，畢竟不是自有家產，這始終是心中最大遺憾！對於弱勢族群而言，要走出文化部落、自行往外購屋，那是何等不容易的事。如今他們舉踵遙眺的，是在有生之年，能夠擁有一處產權真正屬於自己的家。

訪問日期：
二〇一九年十二月十二日
訪問地點：
三峽文化部落（隆恩埔國宅）

第四部分

當煤鄉變原鄉

北部許多都會原住民部落幾乎都與礦業相關聯
多數族人不是退休礦工就是礦工後代
當煤鄉變成原鄉，他們如何看待這段歷史

10 海底礦場的傳奇

在《礦工謳歌》有兩幅阿美族礦工與族人在黃昏下工後相聚用餐的影像。拍攝時間約在一九八六年，地點是深澳灣畔的建基煤礦工寮。

「深澳部落」其實就在建基煤礦為原住民所蓋的工寮裡。臺灣前四大煤礦：李氏家族的瑞三、海山、建基，以及顏氏家族的臺陽，都有規劃周全的工寮和宿舍，還有福利社、理髮店、雜貨店和郵局，甚至幼稚園，儼如一個大社區。

其中，海山和建基，由於夏季缺工嚴重，礦主李家多遠至花東招募礦工，因此這兩礦幾乎有六成都是阿美族工人。

礦方在分配工寮時，為免因語言、文化和生活習性差異而橫生糾紛，把原住民和平地人礦工的住宿分隔開，兩者的所在位址和內部設備存有些許差異。隔離措施激起阿美族人維護傳統文化的心理，每年在工寮的廣場上辦豐年祭，以延續祖靈的存在，也普遍保有對基督教的信仰。透過各種傳統阿美文化的傳承，讓族人的心更緊密地聯繫在一起。

深澳灣畔的建基煤礦工寮，阿美族礦工與族人
在黃昏下工後相聚用餐。
（朱健炫攝，1986）

建基阿美族礦工（朱健炫攝，1983）

海山阿美族礦工（朱健炫攝，1985）

夕陽下，自深澳山俯眺
建基礦區工寮。
（朱健炫攝，2019）

建基煤礦的阿美族人工寮，後形成「深澳部落」。
（朱健炫攝，2019）

工寮裡的部落原民

初識方金德是在二〇一八年年初，當時偕公視記者來訪，拿著《礦工謳歌》逢人便問是否認識書中人。書翻到前述頁面，請他看看有無認識之人，結果意外地，他竟指著其中一位背對著鏡頭的身影，說那正是他自己！由此有了互動，很自然就打開了話匣子。

一九五三年出生於臺東的他，年輕時萬萬沒想到會走到挖煤的這條道路來。

他回想：二十歲剛退伍回臺東時，正苦沒有工作，這時他的岳父母介紹他到建基試試。他算算工資真的不錯，就懵懵懂懂地答應了。

「在臺東，做雜工，一天二十塊就很好了。還不一定找得到……可是，挖煤礦，最少也有八百塊。沒想到這一投入就轉眼四十年過去了！」方金德說。

初到時，他發現在這裡工作的阿美同胞真的不少。「剛開始，工寮原本都是平地礦工居住，後來我們原住民陸續搬進來……」

由於語言的隔閡，生活習性的不同，原住民與平地漢人礦工混居的結果，生活上的摩擦糾紛越來越多，甚至發生酒後鬥毆的情事。礦方發現這樣下去早晚出亂子，於是在選洗煤場旁邊另選一塊空地，蓋了一大排鋼筋水泥的工寮給平地人住，而原本的木造工寮就留給阿美族礦工。無論外觀內設，都有很大落差。

「很不公平的待遇，但——能怎麼辦？」他很無奈：「天天說我們這邊叫番仔寮。」

由於是新手，方金德剛開始被派至採煤班當二手，那是採煤工的助手。

方金德指著照片中背對著鏡頭的身影，說那是他自己！見頁 225 上圖，右邊圍坐者左三。
（朱健炫攝，2019，瑞芳深澳建基煤礦）

深澳部落就是昔日建基煤礦阿美族礦工工寮。
（朱健炫攝，2019）

建基煤礦平地漢人工寮
（朱健炫攝，2019）

一般來講，煤礦的開採都屬包工制，每天的採煤量和工資計算都由小頭（工頭）直接跟公司談，談完後，再由小頭將每天應開採總量和工資分配轉告礦工。

「我們建基是三番制，一番基本上是八小時。」方金德說：「由於建基是海底坑，煤質極佳，因此需求量大。」所以小頭跟公司談下的額度是每一番的挖煤量，平均每人四台車。

由於是包工制，所以公司只計較你的採煤量有沒有足夠，而不管工時。因此，雖然每人分配的採煤量是四台車，但對新手或資淺者來說，常常為了配合整班的進度，不時要幫行動遲緩的老礦工，甚或老拿錢不幹活的小頭等人，將其所不足的量給補齊。

「所以，我們經常不只挖四台車而已！」方金德說：「每天清晨六點多進坑，總是要到晚上九點多才出坑，哪看得到太陽！而且，常常少挖一台或多挖一台也會被小頭拿來做獎懲的工具！」甚至，今天表現良好，明天就只讓你管理「輸送帶」（conveyor），不必挖煤。

臺灣最大海底煤礦坑與「臨海隧道」

建基煤礦是臺灣少見的海底煤田，礦區在瑞芳深澳里一帶，經番仔澳嶼向深澳外海延伸，近深澳灣。兩個煤礦坑，一為「本坑」，一為「海底大斜坑」，兩坑都直通海底下。

建基本坑坑口就在今日的建基新村下方，全盛時坑口礦車進出不斷，如今只剩荒煙蔓草。

海底大斜坑是臺灣煤業界大手筆的創建，也是李家在煤礦業的大豪賭！礦坑於一九六三年二月十七日破土，一九六六年完工開採。據《建基煤礦股份有限公司 簡介》（一九八四）載建基董座李儒謙所言：「開發海底煤藏，不但風險較諸一般煤礦為大，其成本亦較一般煤礦為高！諸如坑道開鑿前，必先實施先進鑽孔工作，深察地質構造及出水情形，並灌入水泥漿，以堵塞出水及牢固坑道岩壁。復因有海水之滲透，機械與器材的消耗平均倍增於一般煤炭，此為直接增加生產成本的原因。」足見開發海底煤田耗費之艱鉅。

方金德說，他們採挖的煤，都是以「控背啊」（即 conveyor，建基片道內使用的為「鏈式輸送機」chain conveyor）輸送至採煤口，再卸裝於礦車，以人力推送到片道口；有的則是用捲揚機牽引至片道口，最後再以捲揚機拉出坑外。

他再說明，建基不管是本坑還是海底大斜坑，台車運輸線都是雙向的，尤其是海底大斜坑大卸路係屬「雙軌式伏地索道」，乃是以六〇〇 HP（馬力）特大動能之「複胴捲揚機」雙向出入，其馬力幾乎是全臺首屈一指，在臺灣煤業界極為少見；甚至連枕木都有用鐵製品替代之，足見李家在經營建基煤礦，是用了多大的手筆和心血。

《建基煤礦股份有限公司 簡介》也指出，海底大斜坑運出之煤產，由複胴捲揚機拖引出坑，再拉至坑外的轉運站，卸降於容量三百公噸的大儲煤櫃，再置於「皮帶輸送機」（belt conveyor），穿過「臨海隧道」把煤炭輸送至本坑旁的選洗煤場。

臨海隧道是海底大斜坑與本坑（以及選洗煤場）間的通道，開鑿於一九六三年六月，較海底大斜坑晚四個月破土。全長約三五〇公尺，其東入口在海底大斜坑坑口西北西方的大煤櫃裡，西口隔省道臺二線和深澳線鐵路與選洗煤場相望。海底大斜坑採挖的煤即由東口以長四六〇公尺的「皮帶輸送機」運出西口直達選洗煤場。

大煤櫃旁不遠處有「廢石櫃」，由「海底大斜坑」挖出的石碴全卸儲於此；「廢石櫃」另

全盛期之建基本坑口
礦車羅列。
（朱健炫攝，1983）

今日已成廢墟的「海底大斜坑」坑口。昔海底大斜坑照片請見頁 34。
（朱健炫攝，2019）

闢一隧道，隧道裡有捲揚機，用以拖曳裝滿石碴的台車至崖邊，再銜接高空索道（纜車）直上對面港仔尾山與其東北峰間的稜線，該處即是建基的捨石場，最後將石碴往海中傾倒。至於本坑在掘、採過程中產生之大量廢石碴，本以為也是通過臨海隧道運至轉運站，再由另一隧道用捲揚機將石碴拉至稜線。結果，請教了方金德等人，才知道當時係以「高架索道」（流籠，或稱纜車）以空吊運輸方式，從本坑直送對面之港仔尾山與西峰間稜線上之捨石場，將石碴翻傾入海。

至今，捨石山腳下仍堆滿當年傾倒的廢石。

深入海底的風坑——海底坑

在礦場，有卸路（斜坑）必有風坑，風坑的主要功能，就是將卸路中的汙穢空氣送出坑外，讓坑內與坑外空氣可以相互對流，避免礦道累積太多甲烷引發礦工中毒。而建基不只礦坑的卸路片道都在海底，甚至風坑也隨之深入海底，而且其規模之大，令人咋舌！

海底大斜坑的風坑被礦方取名「海底坑」，於一九六三年二月開鑿。由於伴隨著海底大斜坑深入海底，工程十分浩大，一直到一九六八年八月才與海底大斜坑貫通，初期工程終告一段落。

海底坑位於今深澳漁港，沿著深澳路走到底即見天福宮，海底坑就被包夾在天福宮與臨海隧道的邊角。坑口於一九七一年由李建川題字「海底坑」，惜一九八七年建基煤礦收坑，海底坑坑口即被水泥磚塊塗封，居民在其前搭建停車棚，經常停放車輛，沒有仔細查看根本不知道是風坑坑口的遺址。

港子尾山稜線的捨石場，山腳
猶堆滿當年傾倒的廢石。
（朱健炫攝，2019）

通過臨海隧道的運煤皮帶輸送機。
（朱健炫攝，1983，瑞芳深澳建基煤礦）

海底坑坑口
（朱健炫攝，2019）

海底坑幾乎與海底大斜坑平行往海底直伸，最後繞過第二斜坑並與二斜的風坑「連卸」相接通，使二斜的通風無礙。

一九七二年，建基繼續開鑿「第三斜坑」，為了使二斜與三斜相通，另開了一條長一六〇〇公尺的「上添片」與三斜相連結。同時，也由二斜的「連卸」另開一條「連風路」與三斜的風坑相接通；至此，與海底大斜坑密切相關的海底坑風坑系統也隨之完成。難以想像，位處深澳灣的海底岩盤中，從此布滿建基煤礦的海底坑道，四通八達猶如蟻穴。人與天爭的力量，著實令人嘆為觀止！

曾經滄海，四十載倏忽而逝，本坑與海底大斜坑周邊景物已不復在，只見荒煙蔓草、處處斷垣殘壁，令人難以想像當年繁榮喧囂盛況，只感無限愴然！

工寮變部落，煤鄉成原鄉

從花東北遷，滿懷淘金夢。當落戶生根、開枝散葉，礦區工寮變成原民部落，北部煤鄉取代花東故鄉。人們總期盼可以在此終老、子孫綿延無絕，但，天總是不從人

朱金妹副總頭目
（朱健炫攝，2019，
瑞芳深澳建基煤礦）

願。就在一九八七年，建基煤礦熄燈了。原本車囂馬喧的礦場，如今只成廢墟一片。

過去，建基最盛時有近千礦工，工寮落籍的有二百多戶，其中阿美族人超過六成。每到晚上下工，整個建基上上下下的工寮，到處擠滿了人。

方金德回憶起當時榮景：「常常有攤販來到廣場或下邊的球場聚集，叫賣聲四起，好像夜市一樣！比八斗仔那邊還熱鬧！」以前也是位女礦工，現在則是深澳部落副總頭目的朱金妹也說：「建基鼎盛時期，非常熱鬧，到處是人聲吵雜，哪像現在這麼冷清。」

談話有條不紊，處理事務十分幹練的朱金妹，是在一九八一年（大約三十出頭歲）應朋友介紹，離開家庭、隻身從花蓮壽豐北上，毅然投入建基的煤業生產行列，每日忙碌於「篩仔腳」（選煤場）。

從加入建基到礦場封坑遣散，朱金妹雖然前後僅待了六年，也經歷過被迫遷以及不知是否還有明天安身之所的驚惶時日，但對建基煤礦和深澳部落的感情及關懷，即便已過四十寒暑，也絲毫沒有淡薄。在海山和建基煤礦，阿美婦女員工一直是撐起產業半邊天的砥柱，她們柔順善良，勤奮卻不多言，那種耐勞忍辱的個性，從朱金妹的身上可以得到印證。

誰吹起建基的熄燈號？

方金德回憶，建基礦工曾風傳挖三斜片道挖到「海底溫泉」的趣事：由於建基都是海底坑，坑道估計挖到深澳灣海底下約五百公尺。在挖掘過程中，由於探勘正確，據說完全沒有挖到海水。不過在海底大斜坑的掘進當時，最後竟挖到「溫泉」！

但事後查明，那根本不是什麼含有硫或碳酸類的溫泉水，而是通過斷層破碎帶的高溫岩層水罷了。後來以專用有蓋水溝與斷熱排水管路強力排出後，熱水滲流量就漸少了。

對此，方金德仍不忘抱怨：「所以，那邊根本沒辦法挖！」他說：「都積水，是熱水！有很濃的氣味！」

試想：坑底溫度多在攝氏三十二度以上，而熱水溫度更達四十度左右。因此，有人說在海底大斜坑裡工作是濕熱難捱，簡直非人所能忍受。

主坑的情況雖然沒有海底大斜坑惡劣，但在坑裡工作，「水依然還是會滴滴答答地滴下來。」方金德無奈嘀咕，坑底空間原本就悶熱異常，現在更多了潮濕。礦方曾就此測試研究檢討，決定把冷凍水輸送至片道採掘處，再以大型冷風機強吹，將坑內熱空氣轉化成冷風，對降低溫度頗有成效；由此亦足見在建基的「烏龜尾」搏命有多艱辛！

但誰能預知，建基坑內的熱水問題，最後竟演變成建基收坑的原因之一。而開挖三斜坑竟也因此變成了關場的罪魁禍首！

「我忘了是民國七十六還是七十九年，因為主斜坑落矸，只剩下很小通道，風很難送進去，工人都抱怨裡面太熱，根本無法工作。」方金德說：「公司經過開會，決定關掉礦場。」朱金妹也補充：「聽說當時壓縮機燒壞了，兩三天都修不好，工人都不願下去。」於是，建基決定封坑。

礦方李家開始遣散人員，遣散費以每做一年給一萬計算，並給每戶十萬元搬遷費，要求所有工寮的住戶搬走。對已經拋棄花東家園的阿美族礦工家庭而言，真是情何以堪！身邊有積蓄的，拿了錢走人；沒積蓄的，只有要求礦方讓他們留下。其實，最重要的，正如著名原民畫家阿沙里巴在深澳部落留下的作品所述，他們只是想拚死命地保有這個部落罷了！

針對建基封坑這事，瑞芳區阿美族前總頭目許來三談到他出面交涉談判的始末：因為台電的火力發電廠擴廠計畫，建基的土地被規劃在內（要賣給台電），結果原本應允礦工可常住工寮的建基，而今竟告上法院要求礦工們離開！

建基最後的回眸

許來三說當時在法院調解，他抗辯：「以前老闆到東部招攬礦工，當時公司答應有房子給我們住。不是現在叫礦工解散，我們就要解散！要就隨你，不要就把我們踢開！」

結果經過法院和議，以後可以繼續留住，但房子只可修理不可重建。如果有人要搬出去，一戶給十萬塊。兩相檢討：今天礦方理虧之處是當年到花東找工，有答應提供住宿。而對拋卻

方金德只希望，礦方能讓他們留在這個異地的新家園。
（朱健炫攝，2019，瑞芳深澳建基煤礦）

著名原民畫家林大洋（Asaliba）在深澳部落的一幅親繪作品「建礦工寮」，伸張礦區原住民在地生根的訴求。
（朱健炫攝，2019，瑞芳深澳建基煤礦）

許來三總頭目說明如何在法院爭取礦工續留工寮。
（朱健炫攝，2019，瑞芳深澳阿美家園）

花東家園的 Amis 族人言，認為這就是免費提供房子，可以永遠住下去。不過雙方在法官調解下大家各退一步，也算是兩全之道。

朱金妹則抱怨：「十萬塊搬遷費誰能接受？出去租房子一個月五千塊，一年就六萬塊，不到一年半就花光了，後續怎麼辦？」

方金德也苦笑搖頭：「做了十六年，遣散費領十六萬！十六萬能幹什麼？我們賣命地工作，最後拿那一點錢就叫我們搬走，外面房子我們也買不起，出去租的話也要錢……」言下百般無奈。

自一九五五年開坑至一九八七年封坑，走過三十二個年頭的建基煤礦，在臺灣煤業界創下海底礦場的傳奇。即令建基已不復存在，方金德與其他近二十戶阿美族人仍居住在工寮裡，而今工寮也由行政院原民會認定並登錄為「深澳部落」，由新北市原民行政局管轄。

臺灣煤業的繁華盛景已盡付雲煙，除了徒留令人遺憾的廢墟殘垣，以及幾處掙扎求存的博物園區和煤業文史館外，究竟還有什麼可供憑弔？臺灣煤業文化有其深遠歷史、人文和經濟意義及價值，對於臺灣煤業文化、歷史和精神的保存及發揚，曾聽過許許多多的承諾，但，真的還需要更多的盼望！

訪問日期：

二〇一九年一月四日

訪問地點：

新北市瑞芳區建基煤礦深澳部落

11 深澳族人的後礦工人生

原本是要找《礦工謳歌》中玩水孩童影像裡一位林姓小女生。聽深澳部落的人說，有個三十多歲的女子貌似書中女童長大後。據說她已結婚生子，在瑞濱一帶開個小檳榔攤過活。

循著部落族人給的方位、特徵及檳榔攤名字找了過去，在瑞濱的馬路兜轉了三圈，頗費了番工夫終於找到。

見面後，細算年齡發現兜不攏；再與她母親確認，證實她非書中人。在翻檢書頁過程，反倒是她母親在一幀族人聚餐的照片中有所發現，只見她驚呼：「耶，這個是我先生！」

乍聽簡直喜出望外，一再要她確認是否沒錯，她十分自信及肯定：「確實是他！」

「方便見到他嗎？」懇切請問。「他一、三、五都要洗腎。」她說：「我建議你下禮拜四早上過來，他那天沒事。」

書中照片，側身背對鏡頭上身赤膊者，
即是林有忠。
(朱健炫攝，1983，瑞芳深澳建基煤礦)

第二代阿美族礦工

隔週依約往訪，車至瑞濱，遠遠就看到檳榔攤前坐著一位男士，正陪著一個小女孩玩耍。下車趨前熱絡地跟他打招呼，他先是一臉狐疑，有些驚愕。他太太見狀迅速從檳榔攤後的屋內走出，簡單跟他講述了來訪緣由，他才釋懷。

他拉椅招呼坐下聊，遂將《礦工謳歌》翻開，請他確認影中人是否他本人？他一看十分驚喜，毫不遲疑地說：「這真的是我！」話匣一開，就開心地聊了起來，對話有了交集。

年近六十的林有忠，十多歲就跟著父母從花蓮來到建基煤礦。雙親都是礦工，爸爸是採煤工，媽媽是坑外推車工，兩人胼手胝足地在此落地生根。

「我爸爸在建基做了三十六年，算是非常資深。」他自小耳濡目染，十七、八歲就跟著父親入坑見習，入伍當兵前已是正式的炭礦夫了。因此，他算是第二代礦工。一直以來，他都是衝在「烏龜尾」的第一線，無論是開先鋒的「掘進工」或是建立戰果的「採煤工」，林有忠都做過。

採訪認識的礦工第二代們，幾乎都能承接父母的職業，而且入坑後都學到了一身硬裡子工夫。最顯著的例子，就是瑞芳瑞三煤礦出身的周朝南，他十六歲跟隨父母下坑，兩年時間就已成「半桶師」（意為練就一半以上的工夫）了！

因為有了傳承，建基煤礦對林有忠以及親人而言，就像家一樣地熟悉和帶著深厚的感情。加上原民工寮裡大家那份血濃於水的族人情緣，更讓工人與工人間，或工人與公司間，有著非

林有忠與其孫女
（朱健炫攝，2019，瑞芳瑞濱）

林有忠太太跟他略述來訪緣由。
（朱健炫攝，2019，瑞芳瑞濱）

常微妙的互動。

問他建基工作，他長長地嘆了口氣：「辛苦啊！空氣都是熱的，在裡面又悶又窄……」確實，煤礦斜坑片道間溽熱是眾所周知，而建基煤礦的本坑和海底大斜坑都是直通海底陸棚下的海底礦坑，部分岩層碎石間的滲熱水溫度幾達攝氏四十度！其悶熱窄仄的惡劣工作環境可以想見。

他上第二班，就是所謂的下午班。「我們下午兩點入坑，最快晚上十點多才出坑。」他無奈地說：「也常常是半夜兩點才下工！……但至少我上午還可以看到太陽，其他班有些人是整天不見天日！」對比他人，他不忘安慰自己。

小頭安排下的工時vs工資

聞此憶起採訪方金德時，他說經常清早六點入坑，要工作到晚上十點才出來，為的是需挖到四台車的煤。提及此供林有忠參詳，接著兩人忽有所悟，都異口同聲：「他做了兩班。」

依林有忠的經驗，他所屬這一班負責的「片」（かた）道責任額約三十至四十台車（每班），人員配置上左

煤層與石棱（朱健炫繪）

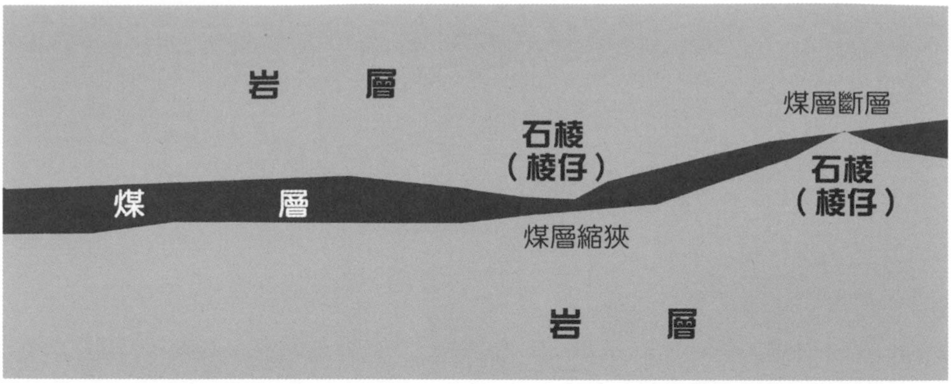

邊約十位，右邊也約十位，每人負責一「縫」（挖煤點）。他肯定地說：「每人一天能挖到兩台車，就不錯。」所以說：「一天的工資，每人平均在兩百元到四百元之間。」

這說明每一班小頭對整班的要求都不一樣。

基本上，公司給每班小頭的總責任量都差不多。由於每班的人數並不一樣，因此每人平均分配的台數，每班便不相同。人多的，平均下來，每人工時較短、台數較少，分配的工資相對也較少。反之人少的，平均下來，每人工時較長、台數較多，分配的工資相對也較多。

這也是為什麼同樣的總量，方金德所屬的班每人需負擔四台車的緣故。他們為達目標，以方金德為例，他每次上工總要拚到十六個小時以上才能完成。林有忠所屬的班卻平均只需每人挖兩台，而且八個小時就達標。但兩者工資卻幾乎差了一倍。

挖煤的速度跟煤面寬度是否穩定有很大的關係，林有忠說：「採煤工最怕的是煤面出現『石棱』現象。」他解釋：「這是煤面走向與石面的交接處產生石面『棱角』，造成煤面寬度突然縮減，甚至使煤面中斷，無法連續。」他強調：「我們採煤工都把它叫做『棱』（臺語促音 lîng）。」

他進一步說明，煤面的石棱不僅造成採煤難度增加，使產煤量減少。如果整條煤面出現多處「棱」，更會嚴重影響挖煤進度，是採煤工不樂意看見的。

礦工的夢魘——矽肺（矽肺病）

儘管林有忠日常離不開洗腎，但看起來依然健朗。關心問他，這跟長年窩在「烏龜尾」，過度辛勞工作是否有關？

「沒有關係。」他說：「對礦工而言，最可怕的還是『矽肺』……我父親在建基做了三十幾年的礦工，結果他五十五歲就走了，最後死於『矽肺』。」他很無奈地嘆了一口氣。他口中的「矽肺」，即是「矽肺病」，亦即石塵長年在肺部囤積，以致肺部嚴重纖維化，幾乎無法吸到氧氣的可怕職業疾病。

猶記名導吳念真曾親口提過，年輕時在瑞芳當礦工的父親，即因長年積下的病灶，晚年即被矽肺疾病纏身，住院治療多年，發病時猛烈氣喘，幾乎無法呼吸。最後難忍病痛，加上聽聞礦場舊友也因同病去世，在身心無法承受如此重大煎熬下，竟從醫院跳樓不幸往生！

吳念真在其導演的電影《多桑》中，詳細描述了這一段，整個場面十分悲慟哀淒，令人動容落淚！曾問吳導，電影裡所呈現的都是當時的實際情境，和整個過程的還原嗎？他點點頭，哽咽地講述在拍攝這一幕時，他弟弟目睹劇情鋪陳及走向，抑不住突然湧上的情緒，立刻奔出片場痛哭失聲！由此可知。

針對矽肺病曾就教許多胸腔內科醫師，得到的答案幾乎一致：矽肺病基本只有預防一途，

矽肺病只能預防而難以治療，X 光檢查是預防之途，政府會要求礦方對礦工做 X 光檢查。
（朱健炫攝，1984，土城海山煤礦）

別無更好的治療方法。然而對於礦工而言，預防一事根本是天方夜譚。

矽肺病是塵肺症（pneumoconiosis）的一種，會罹患此病，多數是工作環境所造成。職場中但凡有石英、花崗岩、黏土和水晶等的切削、鑽挖，都可能會使二氧化矽（silica）瀰漫於空氣中。人體吸入後，因不能正常將其代謝掉，便逐漸囤積在呼吸道與肺部，以致造成疤痕慢慢纖維化。吸入二氧化矽的量若尚未達一定程度，其後遺症狀並不明顯，因此患者在初期往往不察，不知自己已罹患矽肺病。

簡言之，矽肺病並不會在吸入二氧化矽當下就發病，而是日漸累積惡化的，通常需要數年才會引發明顯症狀。一旦出現矽肺病症狀後，即便已經遠離二氧化矽的環境或場所，已經無法使病症好轉，只能控制不讓病情惡化。因此，矽肺病只能預防而難以治療，X光檢查是預防之途，可以早期發現早期控制。政府定期都會要求礦方對礦工做X光檢查。

早期礦工職災面對勞保制度的無奈

曾經很天真地以為戴口罩甚或防塵面罩就能做到消極預防，於是問林有忠：「為什麼你們在下面不戴口罩？」他笑笑：「我們也想戴，可是你告訴我怎麼戴？坑底又悶又熱，不是石塵就是煤屑。戴上了口罩，一下子口罩就被石塵和煤屑覆蓋塞滿，口罩變成不透氣，反而不能呼吸！何況坑底那麼熱，鼻子被蓋住更是會受不了，沒有三分鐘口罩就拔掉了。」言下透著許多無奈。

其實林有忠本身也有輕微的矽肺，但他自我覺悟，那是身為礦工所無法完全避免的宿命，只差輕重而已。只要你在坑內工作一年以上，幾乎沒有人可以逃過一劫，只看是急性（可能一年內即發病）或慢性（五到十年才發病），發病後是輕症還是重症罷了，無一倖免！

那，矽肺病健保不給付嗎？

臺灣的全民健保始於一九九五年，在這之前，臺灣勞工的職災與職病都依賴一個非常不健全的勞保。

一九六五年八月，名醫吳基福即於《文星》雜誌為文針對當時的勞保制度提出批判：「疾病保險初實行數年，由於制訂制度的官員對於醫學領域知識的缺乏，而產生許多不合常理的規定……例如職業性的礦工炭疽病、矽肺病屬於慢性病，在初期症狀輕微，由於勞保不保，礦工因貧困而無法自行就醫，直到因勞成疾而住院，而住院又不得超過期限，疾病尚未痊癒就被迫退院，相當不人道。」

而在健保開辦前，臺灣的礦場幾乎都已封坑關閉了，是以退保的礦工一批接一批，結果大多數得到矽肺病的那些底層受害者，頓時失去勞保的依靠。很多人都放棄醫治等待死亡，而即便過世了，也得不到半點撫卹金！

一直要到一九九八年，勞保局才開放罹患塵肺症的退休礦工可請領職災失能給付。「礦場都關了，人都死了，這才開放有什麼用？」林有忠對此抱怨著。

同樣的不平，在土城、三峽、十分寮、菁桐、猴硐、深澳……等地採訪中，已經從退休的礦工和遺屬那裡聽到太多太多憤恨難平的聲音。不過，晚來的福利政策還是比不來好，至少，還活著的患病離職礦工和家屬，能稍解心中遺憾。

深澳部落，我的家園

前瑞芳區原住民總頭目許來三，也曾是建基煤礦礦工。來自花蓮富里的他，於一九六七年進建基，當時三十出頭歲；直到一九八七年關場，足足待了二十一年，在建基的阿美族礦工中，算是年資最長的一位。

他自豪指出，自一九七三年率先挺身呼籲，將群聚於城市工寮的原住民結合成部落，在「中華文化復興委員會」支持下，呼籲開始落實而有成效，行政院也逐漸鬆綁新部落之成立。

許來三前總頭目說：「因為我臺語、國語都講得很好，所以跟礦方和公家單位接頭，我都代替出面爭取。」於是，建基工寮的阿美族聚落，在他卓越的帶領下率先成為部落。其後，由於他熱心維護族人權益，自然被選為頭目，一當就是三十年。

建基煤礦的阿美族工寮在政府的戶政編制上，原屬於「瑞芳鎮深澳里」（現改為瑞芳區深澳里），很自然這裡便成為「深澳部落」。

林有忠一家人現仍住在建基煤礦舊工寮的深澳部落裡。「不要小看工寮。」林有忠說：「像深澳部落裡那二層樓蓋的水泥工寮，是只有資深礦工或幹部才能住的。其他族人住的都是木造的。」然而，林有忠目前住的就是他所謂的「二層樓蓋的水泥工寮」，可見他的家庭以前也是屬資深礦工或幹部，笑談間戲稱他是貴族階級，他苦笑不語。

談到建基礦方之所以蓋水泥工寮，林有忠說那是「有一次孫運璿車隊從山下建基門口經過，看到山上一片木屋，一問之下才知那是建基的工寮。」孫運璿見狀上山，關心之餘指定礦方要改進，這才蓋了那二層樓房的水泥工寮。有趣的是，礦方也只改建了崖邊面向道路那一排簡陋的木造工寮，自此從山下仰頭望去，果然山上一排水泥工寮美觀大方。然而靠近山邊隱蔽在後的兩排簡陋木造工寮，猶是不變，至今依然！

重建「建基」契機——深澳鐵道自行車

一九八七年建基封坑熄燈，三十多年匆匆而逝，原本車囂馬喧的礦場，如今只成一片廢墟。

「很可惜，建基應該重建，作為一個觀光景點。」林有忠說。

確實，建基煤礦作為臺灣特有的海底坑，這會是一個非常棒的文化資產亮點。加上新辦的「鐵道自行車」正從礦場前面經過，終點「深澳站」剛好在其旁，實在沒有理由讓它孤零零遭棄於此，視而不見。

「如果建基能發展成為一個文化觀光景點，我們希望礦方能優先雇用我們為員工。」他說：「我們部落也可以開放參觀。」

他們有一個願景，希望建基煤礦能重建成為像「瑞三煤礦」或「黃金博物館」那樣的規模，並與之連成一線，而不是如現在這般冷清。而穿過建基煤礦門口的「鐵道自行車」，將會是引爆熱點的絕佳引信。

「鐵道自行車」最先始於二〇一九年苗栗開辦的「舊山線鐵道自行車」，它是臺鐵利用廢棄停駛的鐵路舊山線而將其觀光活化。「深澳鐵道自行車」便是複製「舊山線鐵道自行車」，再經改良後隆重推出。

「深澳鐵道自行車」路線的原型，即是原來臺鐵的「深澳線」。「深澳線」最早修造於一九三六年，係由日本礦業株式會社完工經營的礦業鐵路。其路線自基隆八尺門（基隆濱町）經八斗子、深澳至水湳洞（濂洞），是條軌距七六二公釐、行駛俗稱「五分仔車」的輕便鐵路。由於它是因金瓜石礦區而建，故名為「金瓜石線」。光復後由臺灣金屬鑛業股份有限公司接收，然而由於設備老舊加之耗費龐大，臺金無力經營，終於一九六二年八月二十六日宣告全線廢止。

荒廢之後，經過幾番復駛、停駛，直到二〇一九年才被重新啟用，將之仿「舊山線鐵道自行車」作為觀光休憩鐵道。位於兩端的八斗子火車站與深澳火車站，皆得為起迄點，其間之總長約一．三公里，可選擇單趟或來回。

其中，「深澳鐵道自行車」和「舊山線鐵道自行車」最大之不同，乃「深澳線」無「舊山線」之電動裝置，全程必須靠自己踩踏前行，而一趟下來約十五至二十分鐘，過程滿耗費體力的。但如此不僅能鍛鍊身體兼可遊山玩水，想想也算值回票價。

現在的深澳部落，嚴格來講並不算具備良好居住環境的聚落，至少比起「阿美家園」的規劃整齊，實在有嚴重落差。

曾問林有忠：你們沒有搬遷出深澳部落的打算嗎？畢竟這不是自己的地。

林有忠無奈地說：「封坑時，我在建基做了八年，結果遣散費頭期才拿了五萬，就算加搬遷補助費十萬好了。你說，這樣要怎麼搬？」

是的，怎麼搬？這似乎才是問題真正的癥結所在。

「不過，還是感謝礦方讓我們繼續住下來。」他說。「那——現在呢？」他默默接話：「現在呢？只能住一天算一天……」說到這，他突然抬起頭，望著建基的方向，喃喃地說：

「那是我們的部落，我們的家園。」

訪問日期：

二〇一九年一月四日

訪問地點：

新北市瑞芳區建基煤礦深澳部落

12 礦災遺孀的命運難題

二〇一九年初，透過三鶯部落的族人推薦，偶然認識了隆恩埔國宅（文化部落）的林賢妹，邀請她成為「重返血汗現場」書寫計畫的聯絡人。

同年八月，林賢妹自《礦工謳歌》書中發現三位坐在坑木場的女礦工，其中左邊的叫林永妹，右邊的是陳桂英；正是她以前在海山煤礦篩仔腳的姊妹淘。更戲劇性的是，當她拿著書前往林永妹處確認時，反被林永妹指出：三名女礦工中間的那位，就是林賢妹本人！

來自太麻里的女孩

林賢妹與林永妹不僅是舊識，也是姊妹淘。兩人雖來自不同原鄉，但在海山，卻都一起工作於選煤場的篩仔腳，而且，公餘更服事於同一教會。

透過林賢妹居間聯繫，訪談小組與林永妹（右二）有了別具意義的會面。（朱健炫攝，2020，土城海山煤礦）

一九五三年出生於臺東太麻里的林永妹，國小畢業後留在家鄉幫忙農事。直到十七歲那年，臺灣工商業適值起飛階段，北部許多鄉鎮工廠林立，到處招募女工，於是她在摯友的邀約下，和六個要好的姊妹淘一起北上，一行人首先到板橋一家電子公司工作。

兩年後，原鄉的父親聽聞北部煤礦好像很好賺錢，就帶著媽媽離開部落搭車北上，一來就住進海山煤礦工寮。林永妹的父親負責坑外修理台車的工作，哪台壞就修哪台。

林永妹回憶當時，她說爸爸來了後，擔心她一個女孩單身在外危險，不時告訴林永妹有宿舍，要不要過來一起住？但林永妹覺得原來工廠那邊薪水很好，所以就先留在那邊。

後來因為信仰的關係——海山這邊有一間教會，是大家一起蓋的；再加上林永妹父母住的工寮，被管理人抱怨說只有一個人工作怎麼要這麼多房間——同住者除了她的爸爸、媽媽，還有她姊姊的三個小孩——幾經掙扎，她只能過來工作，幫家裡守住工寮的房間。

林永妹詳述當時情景：「（雖然）過來的只有爸爸、媽媽，但後來還加上外甥、外甥女們。」為什麼有外甥外甥女同住？

1973 年，正值青春年華的林永妹，投身於
海山選煤場的篩仔腳，當了女礦工。
（朱健炫攝，1985）

林永妹說：「姊姊身體不舒服，所以把小孩寄放在我們家。然後外面來巡房的時候一看，怎麼這麼多人！但卻只有一個人在這邊工作！」林永妹無奈地說：「所以，我就過來（海山）做了。」

於是，十九歲正值青春年華的林永妹，只能拋卻城市光鮮的生活，轉而進入這烏漆麻黑的場所，正式投身於海山選煤場的篩仔腳，當了一名女礦工。

工廠vs礦場的工資

從工廠轉到礦場，無論是環境或工資畢竟不同，對林永妹來說：「工廠有冷氣當然比較好，薪水不算很高，一個月也才八百塊，而且要拚命地加班才有錢。」她說：「五百塊就給我爸媽生活，剩下的三百塊就是自己的。」

相較之下，林永妹說：「到這邊之後，一天有進坑的話大概也就是二十六塊左右。」一天二十六元乘以一個月工作二十五日，算算只有六百五十元，即令三十天做到滿不休假，也才七百八十元，薪資怎麼算都不及在工廠上班。

曾經有選煤場的女礦工提過，民國七十年後的工資調漲不少。林永妹問隨行的林賢妹：「在民國七十幾年有到四十八塊對嗎？」林賢妹說：「對，四十八塊，我印象很深刻，比較後面才有這麼好的價錢，」

若在民國六十年代初，四十八塊約等於坑內男礦工的工錢。也就是說，坑裡坑外工資的差別是滿大的。臺灣礦工的工資起飛，要到民國六十年代晚期。越過民國七十年，坑內第一線掘進工或採煤工的工資，都是上百上百的拿，一天賺五、六百甚至上千元的大有人在。

以十分寮新平溪煤礦電氣車頭的駕駛吳美霞為例，單就民國六、七十年之交，她拚命地工作，一個月不休假能拿到上萬元！就那個時代，月薪階級坐辦公室的職工約莫也就三、五千元左右，所以當時礦場薪資確實非常吸引勞動人口的投入。

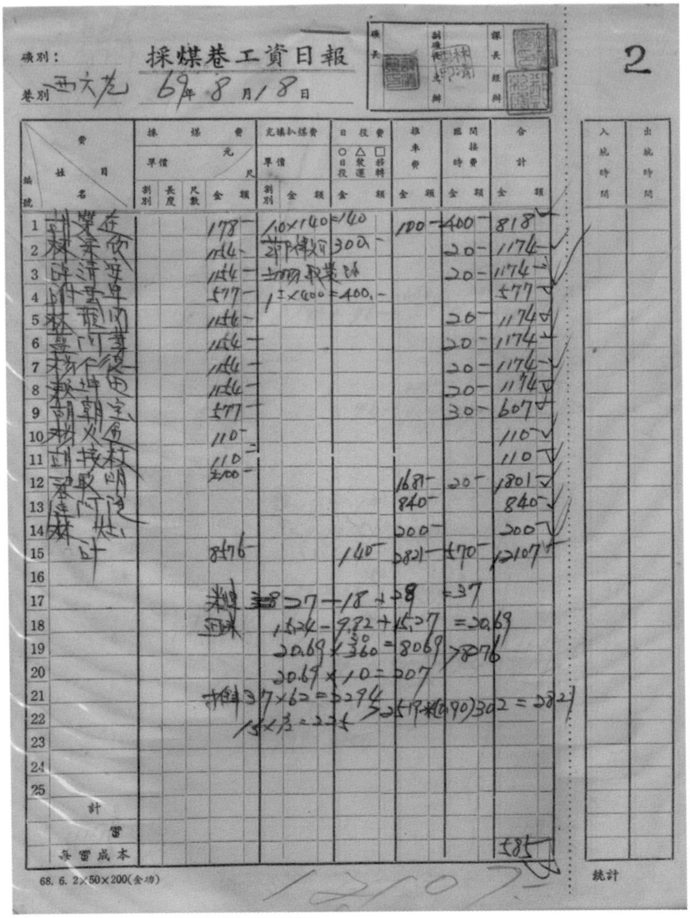

礦別：
巷別 西大坑　　採煤巷工資日報　　69年 8月18日　　2

編號	姓名	採煤費 割別	長度	尺數	金額	充填扒煤費 割別	金額	日役費 金額	推車費 金額	臨時接時費 金額	合計 金額	入坑時間	出坑時間
1	[illegible]				178-		10×140=140		100-	400-	818		
2	[illegible]				1154-		[illegible] 300-			20-	1174-		
3	[illegible]				1154-		[illegible]			20-	1174-		
4	[illegible]				577-		1×400=400.-				577		
5	[illegible]				1154-					20-	1174		
6	[illegible]				1154-					20-	1174-		
7	[illegible]				1154-					20-	1174-		
8	[illegible]				1154-					20-	1174		
9	[illegible]				577-					30-	607		
10	[illegible]				110-						110		
11	[illegible]				110						110		
12	[illegible]				2100-				1681-	20-	1801		
13	[illegible]								840-		840		
14	[illegible]								200-		200		
15	計				8476-			140-	2821-	470-	12107		
16													
17													
18													
19													
20													
21													
22													
23													
24													
25													
計													
噸													
每噸成本											585		

27−18+28 =37
1.524−9.82+15.27 =20.69
20.69×360=8069 >8476
20.69×10=207
37×62=2294
>2519 (190)302=2821
15×15=225

68. 6. 2×50×200(金功)　　統計

12107

越過民國七十年，坑內第一線掘進工或採煤工的工資，都是上百上百的拿，一天賺五、六百甚至上千元的大有人在。
(工資表由猴硐礦工文史館提供，朱健炫攝，2020)

從人間掉入地獄

一九七五年，二十二歲的林永妹在親友的歡喜祝福下，與同住十三棟、大她兩歲的林介郎結婚。隔年，第一個小孩在海山出世。生完小孩，林永妹就到工廠去工作，老公則繼續留在海山採煤。歷經十個寒暑，無憂無慮的日常悠悠而過，他們也陸續擁有了三個孩子。本以為在海山的幸福日子將會恆久持續，但，人生際遇有時並非都能盡如人意。

事情就發生在一九八四年六月二十日那天……

林永妹感傷回憶：「工廠是二十號領錢，然後他（老公）會來接我，我就一直在門口看啊看的，怎麼都沒有看到他？」林永妹心裡開始有點慌。等了一陣，都等不到先生來，她後來就自己坐公車回家，心裡想可能是因為他在忙才沒過來接她。

林永妹接著說：「回到家我太累了，還沒洗澡也還沒吃飯，我就躺下來。」稍稍調整了心情，她續道：「他通常都是一、兩點會回來，但那天都三點了，還沒有消息。」

就這樣一直躺到下午三點，突然聽到有人按門鈴。林永妹開門一看，竟然是她表叔，他一雙憂傷的眼神閃爍，不敢直視林永妹。林永妹就問他怎麼了？他用顫抖的聲音哽咽地說：「嫂子，我載你去海山煤礦。」林永妹又問他：「去那邊幹嘛啊？」他回答：「你就下來嘛，我載你去。」

講到這，林永妹忍不住悲從中來，紅著眼眶說：「結果，沿路一直過去，就看到好多救護車！」她當時心想：「完了！這一定是出事了！」不自禁地倒抽了一口氣，她含著淚彷如至今仍無法置信地說：「自從搬去那邊後（他們後來搬到林永妹工作的工廠附近），我就很少來海山煤礦，後來打聽一下才知道是三斜坑爆炸，裡面的人都罹難了！」那時候，她的頭腦頓時完全空白，心中直唸著怎麼辦？怎麼辦？上面還有個婆婆，下面還有三個小孩！

到了海山坑口，只見現場一片吵雜混亂，救護車、醫護人員、憲警、記者還有很多熟悉的臉孔，包括鄰居同僚們，已經成群圍在坑口……

林永妹這時已幾乎不知所措，只覺眼淚直流個不停，最後她也只能默默守在一旁哭泣。而旁邊圍著的很多記者，卻還一直搶著問：「你現在的心情是怎麼樣？」

幫亡夫撐起一個家

林永妹一直不解：「其實應該可以在第一時間就找出我先生的屍體回來，可是一直拖到第五天……為什麼會在第五天才找到？因為是死在一個入口，但那邊又有一個大石頭壓到他，每天去救人的人，都沒有發現到。」她紅了眼眶哽咽道。

林永妹描述，直到第五天救難隊員累了在吃中餐的便當時，發現：咦？那邊有一隻腳！後來把一個巨大落石移開，他們才發現有具屍體，身分號碼牌為119，立即通報說119的家屬可以前往認屍。

119號，正是林介郎的礦工身分號碼。

林永妹說公公第一個聽到這個消息，就趕快到認屍的地方幫他洗身。

而林永妹聽完當下雙腳都軟了，心想：「怎麼會是他，我一直不相信他會是其中一個，因為他們說從三斜坑可以通到『海一』那邊，我一直認為他可以有地方逃……」所謂「海一」，是指三峽「海山一坑」，該坑同年十二月也發生不明原因爆炸，死亡九十四人！

林永妹當時還抱著一絲希望：「第一時間我就叫我大哥到『海一』那邊看看，也沒有他的消息。大哥一直在那等，公公則是在這邊等，我也幫不上什麼忙，只能默默的在旁邊哭。」

整個事件來得太過突然，也十分殘忍，讓當時才三十二歲的林永妹幾乎無力招架，也不知如何應付。

林永妹難抑無以平復的心情，述說著當時心頭滴血的一幕，她說：「腦中空白之外，想到了孩子，小兒子才兩歲半，看到他們三個，我是要怎麼養他們啊？因為我以前是屬於那種依賴的人，什麼事情都是先生做得好好的，現在他突然不見，我該怎麼做？這到底要怎麼辦？」

她認為那時的自己應該算有點憂鬱症吧，不喜歡跟人家說話，也不想見人。晚上回家的時候，她的孩子看到她就說：「媽媽，剛剛有在電視上看到妳喔……」林永妹乍然驚覺，哎呀一聲，不斷地思索，想著一旦孩子於電視上知道他們的爸爸發生這樣的事，她該怎麼回應他們？

林永妹當時自忖：第一個想到的就是現在孩子們沒有爸爸了，我應該要站起來、應該要勇敢，要開始學會如何應付孩子等問題。例如：「他們會問爸爸去哪裡？」林永妹會很直接地跟他們說，爸爸在（罹難者）其中之一。林永妹嘆了一口氣說：「當然也不是很了解什麼是死亡，和孩子解釋也是需要一段時間。」

陪伴失怙兒走過成長路

在國小教育階段，沒有了爸爸的孩子很容易受到同學言語的欺凌，畢竟年齡小較不懂事。

林永妹很無奈地說：「小孩在學校有時候也會受到言語霸凌，同學們會說他爸爸死掉或是怎麼樣的，孩子回家後也會和我說：『媽媽我明天可以不要上學嗎？』我問為什麼？他說因為有的同學講話都很難聽！」

林永妹一口氣把過程說完，可以想見她一直在壓抑心中的不平和憤恨。她說：「隔天我就到學校去，和老師說，老師就稍微跟大家說要尊重幾個同學。」事情方告落幕。

然而另有第二樁。

林永妹說道，老三（兒子）比較愛面子，他小時候有一次暑假作業是要畫一張「我偉大的爸爸」，然而他對已過世的爸爸根本就沒有印象。林永妹描述：「有天他就和我說：我想轉學。我說：這個學校已經是離家裡最近的了，為什麼要轉學？他就說了：有一個同學我很不喜歡，他總是在罵我沒有爸爸，每天都跟我要十塊錢！」同時，她兒子還告訴她因為畫不出爸爸被老師責備的事。林永妹聽後，發現這事非同小可，怪她兒子：「你為什麼不早點講？」

林永妹說隔天她就到學校，老師當然也很不開心，因為每個人都交了「我偉大的爸爸」圖畫作業，就只有林永妹的兒子沒交、說他畫不出來。

「其實，」林永妹解釋：「那個老師剛好是代課老師，不知道我兒子的情況，就一直問他：『你為什麼不畫？你也太不尊重你爸爸了，別人都有畫你怎麼不畫呢……』兒子就哭著回到家，和我說過之後，我隔一天再到學校去和老師說，老師則是一再地道歉。」

除此之外，有時還要面對孩子「我們家為何與他人不同」的質疑。

林永妹說：「有幾個媽媽跟我一樣守寡的，後來很快地就再婚了。」講到這，思及過往，林永妹不覺長吁了一口氣，滿臉哀怨地說道：「我兒子就羨慕地說：『人家好好喔，都有新爸爸，我怎麼沒有？』」她心裡很難過地跟孩子說：「不要去羨慕人家，媽媽也很漂亮，也很會做事呀！」慢慢地他們也就接受了。

後來孩子長大，在叛逆期的時候，林永妹說：「因為我有《聖經》可倚靠，《聖經》怎麼說我就怎麼告訴他們：要聽父親的話，母親老了也要聽她的話……」講到這她眼神霎時亮了起來，很滿足地敘述：「我也沒有遇過叛逆期孩子的經驗，所以我就去寫《聖經》的經文貼在他們的房間門口，隔了幾天換他們回我，也貼在我的房間門口，我就想說，咦！怎麼一開門有東西飄在我臉上？」林永妹十分興奮地說：「原來是他們寫的紙條：謝謝媽媽耐心地帶我們！」

至此，林永妹終於露出少有的笑容：「我也很感恩，他們有這個體會，（這份心意）一直到現在都是在我身邊。」

然而，在林永妹說不會改嫁的堅定語氣背後，卻潛藏了幾個值得關注的問題，這些問題含括了社會救助、婚姻價值觀、道德與勇氣、公平正義……等等的爭議。

關於撫卹金的疑問

記得在訪談陳政治時，他講過：「原本說每人要發放一千多萬，後來煤山、海一陸續發生事情，最後只發了兩百多萬……孩子免費念到大學。另外還有安家費。」

當時心中不無疑問。每個罹難者若發一千多萬，那罹難者有七十四人就要七億多，這遠超過善款數字，除非官方加碼，否則不大可能。另一個疑問是，孩子免費念到大學，簡單一句話，卻要看如何解釋，而後來公部門的解讀就引起軒然大波！

海山、煤山、海山一坑等三個礦區同一年相繼發生災變，總計造成傷亡六百餘人（這是審計部新北審計處的官方說法），其中罹難者達兩百七十幾人。當時各界發動捐輸，累計挹注善款達五．一三一八億餘元，以現代的幣值來計已十分龐大，何況在那個時空。而這五億中，其實有三億多是先前海山災變時即獲捐的。如果單純三．一億只撫卹海山罹難者，平均每位可得四百多萬。

結果煤山與海一接連出事，善款從三億多增加到五億多，總數也才多出三分之二倍，然而罹難人數卻由七十四位變成兩百七十多位，幾乎超過二．五倍。整體看善款似乎增加，但其實反被遽增的罹難人數給稀釋了！

即便如此，五億若只用於撫卹兩百七十位罹難礦工（不包括受傷者），平均約可得一八五萬。因此當初家屬們所謂官方將發兩百萬撫卹金似乎是可信的。以一九八〇年代的物價指數，兩百萬確實不少（雖然根本沒領那麼多），應該相當於現在的兩、三千萬吧？

只是這五億還要扣掉一．五億的「孩子升大學教育基金」，所以只剩三．五億可分配，也就是每位罹難者撫卹金最多可得約一三〇萬。

其實，撫卹救助金額的爭議還算是檯面上，反而關於遺孀和教育補助才是在檯面下，且為遺屬帶來久遠的傷痛與影響。

從與遺孀對話裡，可以看見並體會她們對於先夫的感情，那是撕心沁骨的痛和訴不盡思念的愛！直至今日，猶未走出喪夫那片悲涼哀怨心境的，依然不在少數。但遺孀補助金，對於她們不啻是再次傷害：直到二〇一七年正式行諸文字（辦法）之前，最高只領到每月三千元；而根據受訪者的說法，此前該筆款項是以「安家費」名義發放。

在訪談過的諸多海山災變罹難者遺孀中，改嫁者畢竟是占少數。其中原因，除了夫妻情深，有些遺孀亦不否認「家庭經濟壓力」是另一因素。而這因素即源於「如果太太改嫁，給太太的補助就取消」的傳聞。

後經輔仁大學社會系教授戴伯芬的深入查證，此傳聞顯為以訛傳訛，尚無事實根據。然而，在補助辦法不清之下，傳聞已對那些遺孀的人生造成影響。

另為顧及遺屬中孩童未來的教育費之保障，善款之運用決定「保留其中一．五億元作為孩子念大學的基金」。持平而論，其立意可謂良善。於是，這一．五億元最終被保留下來，問題是：它竟然被丟在縣庫裡閒置了二十八年，無人聞問！

這起一．五億善款被公部門疏漏的事，終造成社會譁然。

前述審計部新北市審計處的公函中，有謂：「總計傷亡六百餘人」，頗令人訝異。

這所謂「總計傷亡六百餘人」不知是怎麼算的？翻遍所有報章和文獻資料，似乎都沒有這樣的紀錄。到底傷亡人數是以什麼為計算標準？怎麼會冒出這麼多人？而六百餘人的撫卹或補助的發放是怎麼分配和執行？

同時，新北市審計處指出：「因財團法人臺北縣廣慈博愛基金會人力不足，於七五年四月八日移由原臺北縣政府（九九年十二月二十五日改制為新北市政府）社會局代管。」意即一九八六年後，這筆善款已移至臺北縣政府，亦即改制後的新北市政府。

冰封二十八年，善款終解凍

二〇一二年四月，已有新北市議員吳琪銘在質詢時，質問市政府這筆善款的去處。當月二十八日，市府社會局社會救助科長吳欽仁答覆《自由時報》記者謝佳君時表示，當時的捐款由「煤山災變救助專戶管理委員會」訂定使用規定和範圍，再由縣政府執行，並細分出八項用途，包括教育、身障家屬或亡者等，有的馬上發放，有的則按不同階段固定申請。

到了八月三十日，一群新北市議會議員召開記者會，質疑市政府，歷經二十八年（一九八五至二〇一二年），那些善款怎麼啦？

結果在一陣追問下才發現：仍有約一億五千萬元的善款躺在國庫裡被凍結！理由是：「因為訂定教育補助費，得等到罹難者的孩子念大學才能領取。」

意思是：沒念到大學者領不到？

其結果自然是：輿論大譁！

這麼多年來，這群底層礦工或遇難者之家屬，無數人幾近於貧病交加、孤苦無依，無奈竟被有司遺忘！而其中許多阿美族人則四處顛沛流離，為居住正義抗爭於河之濱、街之隅！然而，他們曾經跂踵顒望，企盼賴以維生的善款撫卹金，竟就靜靜地躺在臺北縣庫直到新北市庫達二十八年而遭遺忘！

就只是因為——「得等到罹難者的孩子念大學才能領取」這令人匪夷所思的「緊箍咒」？

教育基金移為家屬救助金

經議員質詢以及輿論關切，新北市政府從善如流，急送市議會通過後，趕緊函報內政部同意，將之用於「照顧該等礦災罹難礦工之遺孀及一親等直系親屬所需醫療、看護、急難救助、遺孀生活暨喪葬補助」。

TVBS記者施協源對此評論：「歷經多任執政團隊，在議員多次質詢下，才在新北市長朱立倫時期，解凍上億捐款，以看護補助、意外死亡等，每月發放給遺孀三千元補助……二十八年才來的急難救助，卻來得太晚。」（二〇一二年八月三十日）

社會局社會救助科長吳欽仁也向《自由時報》（二〇一四年四月二十八日）記者補充，當年三個礦坑約五百名離職礦工染上矽肺症者，也將納入作為醫療、看護等補助對象。

若將這約五百名矽肺病離職員工含括於前述「總計傷亡六百餘人」內，則應是「總計傷亡約八百人」或「總計傷亡七百餘人」，而非六百餘人。所以這個數字到底從何而來，猶未有解。

況且在一九九八年時，勞保局已開放罹患塵肺症的退休礦工可請領職災失能給付。是以，這筆五百名矽肺病離職員工醫療補助款項，除了前述勞保給付，似乎又另從善款撥出給付？基於「專款專用」，府會有否考慮到資源重複浪費之虞？

很多離職礦工抱怨待遇比不上老榮、農、漁民之津貼或慰問金，而新北市政府一年兩千元對他們改善生活根本無濟於事。社會局的善意，反而引來更多的不諒解。

再說，相關辦法真正行諸文書而確實公告，要遲至二〇一七年……

遲來且殘缺的正義

二〇一七年五月十六日，在各方批判與斡旋下，新北市政府最終將該一・五億再度開啟，並統籌分配發放，正式公布《新北市政府辦理海山、煤山及海山一坑礦災家屬救助服務計畫》。該計畫明訂，其目的「為照顧救助服務海山、煤山、海山一坑礦災之當時礦工及該礦災罹難礦工之遺孀、其一親等直系血親，因發生變故導致傷害或死亡者，所需之醫療、看護、急難救助、遺孀生活補助、喪葬、遺孀機構安置補助及遺孀居家看護補助等經費補助。」而實施對象則為「海山、煤山、海山一坑當時之礦工及該礦災罹難礦工之遺孀、其一親等直系血親。」

遺孀部分在計畫裡的第七、八、九項目，除明訂申請表格及相關辦法，更清楚標明各項補助金額：

七、遺孀生活補助費，每月補助生活費新臺幣七千元。

八、遺孀機構安置補助，每月補助一萬八千元。

九、遺孀居家看護補助，每月補助一萬八千元。

其實，相關辦法早實施有年，只是為回應各界要求，至此正式明文規定、形諸文字罷了。

其中關鍵在第七項：每月七千元，一年就有八萬四千元，不可謂不少；而且是活到老領到老，直到公庫裡這筆善款被領光為止。

一九八四年是臺灣煤業的分水嶺，三次煤礦災變不僅讓礦坑逐個封閉，最叫人椎心泣血的乃是被奪走的二百七十多條人命！不但使二百七十多個家庭瞬時破碎，也叫二百七十多位婦女頓時失去心愛伴侶與終身倚靠！

原本，善款的募集，是一種社會集體力量的展現。而撫卹與援助，正是這種集體力量對發生不幸的社會個體，在橫遭無情創傷時的有情輔助與撫慰。許多法規訂定的出發點絕對是善意的，但遵守跟執行的人一旦失誤，其無形的傷害有時比有形者更深遠！人類社會的典章制度猶如出鞘的利刃，常常是一體兩面。它是武器還是工具？使用者才是關鍵，豈能不慎？

是的，豈能不慎？

訪問日期：
二〇一九年八月二十日下午
訪問地點：
新北市土城海山煤礦舊留守工寮

13 尖石煤業的見證者

一九八五年間，在好友許釗滂帶引下來到新竹尖石一處礦場，當時只求有礦工、礦場拍攝就好，也未細究礦場來歷名目。那天非常幸運地拍到幾幀極具意義的作品，對當年礦場人、地、物的點滴有著詳細刻畫，特別其中一幀礦工服裝的奇特處——腳上那兩個像斗篷的配備非常有趣，令人印象深刻。記得當時就這樣被吸引跟隨其後，框好自認最佳的構圖後，釋放了快門。

三、四十年時光過去，也是礦業人的好友周朝南看了這幀作品，眼睛為之一亮！他興奮地說明，礦工腳上類似綁腿的斗篷，係為了防止煤屑或石碴掉進鞋內而設，如今此景不再。他認為本作重現了那年代某些礦工特有的裝備，並做了歷史的見證，是一幀很有價值的作品。

很幸運地拍到幾幀極具意義的作品，對當時礦場人、地、物的點滴有著詳細刻畫。
（朱健炫攝，1985，新竹煤礦尖石礦場）

礦工腳上的斗篷，是為了防止煤屑或石碴掉進鞋內而設。

尖石鄉深山裡的煤礦場

二〇一九年為重返當年拍攝現場進行書寫記錄，在同年九、十月間，曾獨自上尖石鄉的那羅部落勘場。

勘場時始終感覺怪怪的，因為印象裡坑口和天車離礦場門口不該如此近，而且記憶中，鐵道邊的屋子似乎不全然為磚造，應有部分是木屋。雖然可能是後來改建，但還是袪除不了心中疑惑。

「那羅」是竹六〇鄉道上重要據點，泰雅族語發音為 Na-lou，意為「柿子」。因為那羅部落早期盛產甜柿，故又名「柿山」。那羅採煤場事實上是「加羅排（Karapai）煤田」（光復後改名「嘉樂煤田」，尖石的客家人則稱加羅排為「旮旯牌」，旮旯，客語與國語發音皆為ㄍㄚ ㄌㄚˋ，即「角落」）向西南延伸的尾端。

「加羅排煤田」於一九三六年即受日治官方注意，日本鑛業株式會社即曾於加羅排社進行礦藏探勘。太平洋戰爭吃緊時，日本軍方需煤孔急，在一九四二至四三年間，總督府曾派遣技師前往探測繪製地形圖，並定為軍煤保留地。後因軍情不佳，未能大規模開採，甚至原為運輸加羅排煤而規劃的內灣線鐵道，雖於一九四四年動工，但也因戰事失利與資金短絀作罷。

戰後國府接收，尖石鄉被定為甲種山地管制區，仍循日規將加羅排煤田視為官煤，後交經濟部資源委員會自行全權籌畫，並於一九四九年成立「新竹煤礦局」及「加羅排礦場」，正式進行開採。新竹煤礦局更將指揮部設於鄰近八五山的「煤源」，同時，也前進那羅部落附近的

復興煤礦遺跡
（朱健炫攝，2020）

那羅礦場展開試採。

就在當時，那羅尖石一帶發現的煤層露頭，品質經化驗尚佳；加上一九五一年鐵路竹東—內灣線完工，交通出入比八五山方便，而且新竹煤礦局在那羅試採已有成果，便於同年成立「那羅礦場」，負責開採那羅、尖石兩地之煤藏。

一九五八年，經濟部轄下成立國營事業中國煤礦開發公司，主要為開發煤礦資源而設。隔年新竹煤礦局併入中國煤礦開發公司，乃將各採煤場合併，稱為「新竹煤礦」，期間，位於西側，也就是竹六〇線道路上，鄰近嘉興二橋的「尖石煤田」和地處那羅的「那羅煤田」，由於陸續開採的關係，逐漸形成了「尖石採煤場」和「那羅採煤場」。

終於，真相大白：從尖石大橋起始直至那羅，竹六〇線道路上有兩個礦區：尖石礦區（今綜合運動場一帶）和那羅礦區（今復興煤礦園區，即怪獸露營區一帶）。

如果當年拍攝地不是那羅礦區，那麼會是尖石礦區嗎？

是那羅礦區？還是尖石礦區？

越來越多的資訊顯示，三、四十年前的拍攝地，確定不是那羅的「復興一坑」所在，而是「尖石採煤場」的可能性較大。

後來，在《新竹地區煤礦史（下）》找到一幅「復興煤礦新竹礦尖石洗煤場遷建工程配置圖」，發現跟記憶中的景物位置比較吻合。經比對後，當年拍攝處已昭然若揭。

但是，「尖石採煤場」究竟位在何方？畢竟已越近四十寒暑，原有景物或已不復存在，現在回頭要找恐怕相當不易，不免有點洩氣。

經詢問當年引路的老友許釗滂，他說明自從一九八七年礦場封坑後閒置，該處景物已然全非！後於二〇一六年為舉辦全國原住民運動會，興建了一座綜合運動場，他補充說：「位置應該在嘉興二橋前。」

「嘉興二橋」、「綜合運動場」，有了明確地標，立即以谷歌地圖詳加比對，並重新把當年拍攝的照片再次逐一篩選，發現其中一幀作品之背景隱約可看出是嘉興二橋。後來經過當年礦工劉清金確認，越加證明是尖石採煤場無誤。

為印證推論，在二〇二〇年二月來到尖石鄉竹六〇鄉道上的嘉興二號橋，果然看到新建的一座美侖美奐的綜合運動場靜臥於小丘上。循斜坡而上，眼前是新穎的跑道跟體育館，現場靜悄悄的，全然不復昔日礦場煩囂景象。

由運動場漫步走到崖邊，俯身探首鳥瞰，發現橋頭處有一排人家，於是匆匆下了山丘，拿著《礦工謳歌》挨家詢問有沒有認識書中礦工？問到第四戶，就有了結果！屋主一眼認出書中人，指出書中人現就住在尖石大橋進來不久，一座天主堂對面，可到那一帶問問看。道謝後匆忙直奔天主堂。到了附近，問了柑仔店老闆娘，終於知道了書中人的住處。

依循老闆娘指示前往，來開門的竟是書中人的女兒。她知道了來意後，立刻電話聯繫上本人，經由與之在電話裡短暫交談，約定隔天在鄰近嘉興二號橋下的「義興文化健康站」碰面。

經由他的女兒口中得知，書中人的大名為「劉清金」！

在上圖左側遠方，隱約可見到嘉興二橋。恰可與下圖今日俯瞰嘉興二橋位置相對照之。
（朱健炫攝，1985/2020）

循斜坡而上，發現場地已被闢為跑道跟體育館。
（朱健炫攝，2020，新竹煤礦尖石礦場）

泰雅礦工劉清金

「義興文化健康站」就設在「財團法人臺灣基督復臨安息日會義興教會」的教堂裡。與劉清金在教堂前坐定後，就此揭開其塵封往事。

劉清金，民國三十六年次，是尖石鄉錦屏的泰雅族人。受訪當時他邀來當年徒弟——同部落族人、民國四十二年次的羅金泉偕同受訪。

攤開《礦工謳歌》對他說起：綜合運動場那邊的住家有人認出這是你。他先是一驚，然後接過書端詳許久，始終不好意思承認，卻又不否認，只說年代太久遠了，現在人都變胖了，而照片那臉黑黑的，有點像又有點不像……

最後，現場三人逐一傳書，再三審視比對一番，證實本人無誤，不覺相顧大笑。

把思緒稍作整理，劉清金談起他精彩的人生，眼睛也頓時變得晶亮。劉清金出生於尖石鄉的義興，也就是嘉興二橋所在區域，結婚後才搬到古稱「加羅排」的嘉樂，也就是他現在所住的地方，鄰近尖石大橋的尖石天主堂附近。談到礦工生涯，劉清金立刻顯得興味盎然！

「我差不多（民國）五十一年遷來洗煤廠，到尖石洗煤廠。差不多快五十二年的時候，那羅洗煤廠就拆掉了。然後就到柿山派出所。」「柿山」是那羅的漢名稱呼，國府遷臺後改掉「那羅」（泰雅族語「柿子」之意）而取名「柿山」；後為尊重原住民文化，於二〇〇八年改為「那羅派出所」。

好奇問他：「爸爸引薦進去的？」劉清金笑著回答：「對，我五十二年在那裡當工友，到

「義興文化健康站」係借用「財團法人臺灣基督復臨安息日會義興教會」的教堂設立。（朱健炫攝，2020）

事隔三十多年後，是否影中人？前後影像大比對。（朱健炫攝，2020/1985，新竹尖石義興教會／新竹煤礦尖石礦場）

了五十三年就沒有做了。」劉清金在派出所只待了一年便退了下來，然後跑上山找工作。到了民國五十四年，十八歲就申請提早入伍，直到民國五十六年退伍。

「差不多五十九年開始做煤礦？還是五十七年？」劉清金回想了一下，結果時間前後沒把握，猶跟身邊的羅金泉討論一番，羅金泉只記得是到民國七十八年沒做了。因此，前後算來，他們師徒倆在礦坑裡也奮戰了近二十載。

在交談中，發現自始就有個誤解：或許受海山礦工多數是阿美族人之影響，一直以為尖石這邊的礦場應該多數是泰雅族人才是。結果劉清金釐清：新竹煤礦的礦工也有閩南人跟客家人，客家人很少，閩南人比較多，還有外省人。其中閩南人，大部分都是汐止來的。

聽他講真是意料之外！再確認一次：「閩南人都汐止來的？」劉清金點點頭：「對！閩南人來這邊做煤礦。」他隨即補充：「原住民也有啦。」再問：「這邊礦工應該主要還是泰雅的吧？」劉清金：「對。」「有七成以上嗎？」劉清金：「差不多，尖石都是我們泰雅的。」

由於礦場地處尖石鄉的錦屏、義興，因此礦工多來自尖石鄉各部落，甚至有遠自秀巒等地泰雅族人（Atayal）。當時尖石鄉這邊都屬新竹煤礦，它的採煤場有四處，因此劉清金有時人在尖石選煤場，有時在新樂採煤場（煤源），有時在那羅，跑來跑去，但是待在那羅比較久。

那羅煤場的掘進工

經過熱絡對談，瞭解到劉清金的礦工生涯始於民國五十七年，第一份工作是在那羅，他說是做「掘進工」，緊接著說：「用鴨頭。」掘進工的工作主要就是爆破和鑿掘石矸。

劉清金說：「那羅那邊的煤炭只有一點點。」他把兩個手掌平行相對，作了個煤層厚度的手勢說：「其他都是石頭。」他以行家及親身經歷口吻說：「因為以前要下炭之前，不管炭有多厚，一定要打空（khang，孔洞）。」問他：「是埋炸藥？」劉清金搖搖手說：「不能埋炸藥，因為你打，空氣才會出來！」他的意思是，岩壁要打洞，石矸裡的瓦斯才會洩出來。他強調要打那個空（孔），最起碼要七米。

「要打七米？」這讓人很好奇！

劉清金詳細說明：「對！上下，山坡上，一直到下面，不管是多厚。」他再比了個煤層厚度的手勢，解釋為什麼要打。他說以前在尖石國小正對面的礦坑，當時的礦工還沒做這種「打空」研究，以致挖完煤炭下班回家，隔天一去瓦斯都突出來，結果情況很緊急，他們才要出去，一爆炸就死了十幾個！聞此讓人嚇了一跳，隨即追問：「那是民國幾年？大概知道嗎？」劉清金：「那時候我還在國小。」

其後經過考據，劉清金所描述的災變係指一九五六年五月七日上午，新竹煤礦嘉樂礦區第一坑發生瓦斯爆炸，造成二十四人死亡之慘劇。這場礦災算是光復後第一個超過二十人死傷的重大煤業災難，當時的確引起社會極大關注，並造成礦場高層的法律刑責風暴。

對於這次災變，劉清金說礦工之後研究一個方法，反正要下班以前，不管多厚的煤炭都要打空（孔），讓裡面氣體出來。他解釋道：「然後早上假如要去上班。瓦斯出來是在三更半夜，它有空氣，就不會爆炸。」又說：「就是這樣研究以後，出事就很少。然後……我們打（空）好了以後就打石頭，打石頭打完了以後放炸藥，拉線差不多一百公尺。挖煤炭、掘進也是一樣。」

劉清金所說的，乃是煤礦於掘進、採挖之前的一項前期作業，謂之「先進鑽孔」，它是為防範瓦斯突出的重要措施。

先進鑽孔，一天一米？

就此請教「瑞芳猴硐文史館」的周朝南、毛振飛及許進益等先進，瞭解這種「先進鑽孔」是煤礦採挖前必要的流程。據許進益說，特別是竹苗地區的礦場，蘊藏的是種俗稱「油炭」的煤，這種「油炭」更容易產生瓦斯並分布於石矸內。如果不打孔排除，很容易在後續採挖中，造成巨量瓦斯突出。最恐怖是氣壓會帶引而噴出巨量煤碴，人員不察，必遭壓歿！許進益描述，曾有過因瓦斯突出而噴出的煤量，足足可裝滿三十四台煤車！令人聞之咋舌。

據《新竹地區煤礦史論著彙編（下冊）》所述，嘉樂煤田到處有小型褶曲及小斷層，岩磐脆弱且煤層成囊狀，賦存於煤層內之沼氣（CH_4）含量特多，加以開採已進入深部，磐壓、地壓及瓦斯所受之潛壓亦隨之增加，因此瓦斯突出之威脅性極大。為了防範瓦斯突出，新竹煤礦依規執行「先進鑽孔」措施：於採掘之前先在煤層中造成空間，將地壓分散，同時從鑽孔周圍誘出瓦斯以達成去勢作用而解除危險。為防止瓦斯突出，僅分兩班工作，第一班採煤，第二班先進鑽孔，使瓦斯排洩的時間有十小時以上。

其施行細則規定：「鑽孔深度應達七公尺以上，採掘後並應保留六公尺以上之殘孔。」意思是說鑽孔七米，若要採掘，因要保留六米之殘孔，則只能採掘一米。就此問劉清金：「你掘進工做多久?」劉清金瀟灑回答:「最多也不會做太久。因為很累啊。然後就換採煤工,採煤工比較輕鬆,掘進一天要打一米。」「一天打一米?」「對,炸好就回家,隔天早上去整理石頭。一米就要放相思樹那個木頭。」劉清金補充說要把它撐起來,一米一米撐,先撐成ㄇ字形,接下來才叫「改修」來用堅固一點。

為了遵守「採掘後並應保留六公尺以上之殘孔」的規定,這就是為什麼劉清金掘進時,一天只能打一米的原因了。

採礦以車、掘進論丈

問到掘進和採煤這兩者工資差多少?劉清金抓抓腦袋:「我也不知道。」

其實,自來坑內工資計酬一向是遵循「採礦以車」、「掘進論丈」、「煉焦以爐」、「運輸以車」的規矩。循此,經查新竹煤礦的平均薪資,根據一九七二年工研院礦業研究所之調查,採礦工為六六至二六〇元/日,掘進工為八〇至二四〇元/日,改修工五五至一二〇元/日。

試以採煤工為例,若一個月很平穩地工作二十天,其收入約在一三二〇至五二〇〇元,已相當那時大公司的白領幹部甚至經理級以上薪水。也曾聽聞不少拚命的礦工,一個月幾乎窩在坑底二十五天以上,有人更是早上六點入坑,直到深夜三點才回到家,一個月收入都近萬元。換算成現在幣值,絕對都超過二十萬以上。

不過,每位礦工工作時段、工作內容都有所不同,其個人所得也就不同;這些都只是供參考而已。通常礦工的流動性都較高,有些人是跟著工頭跑,有些人是跟著工資高低跑,有些人是喜歡換工作，但最後還是看在「錢」的分上，幾乎都回到礦工老本行。

劉清金民國五十七年入坑，民國七十八年離開，單是礦工生涯也奮鬥了二十年上下。在新竹煤礦（或復興煤礦），他也是幾個礦區跑來跑去，就他自己描述，在那羅比較多，有時煤源，還有尖石，甚至跑到汐止。他說：「汐止礦坑，那個很熱，我就做一期而已。」好奇問他：「這邊不會很熱嗎，一樣吧？」劉清金說：「這邊最熱就是尖石，比較深……尖石主要就是一個大斜坑下去，但是有風啊，它有打風進去啊。」

再問：「一個斜坑！那斜坑大概幾米？一千二、一千三？」劉清金想了想：「有喔，差不多。」接著說：「最深的六千尺做完。」仔細算了算，約二千米。

劉清金說尖石採煤場只一個斜坑而已，一百米一個片道，也沒有分東西片道，一個斜坑就直接下去，片道只挖一邊而已。

我們這裡都是站著挖煤

劉清金說他只做到第三片道，那時候他先做掘進，後來挖煤。他笑笑地說：「挖煤比較輕鬆。」聽了覺得新鮮就問他：「挖煤比較輕鬆喔！煤層大概多厚？」劉清金：「差不多四十（公分）。」接著問他：「站著挖？」劉清金：「對，那個很高，挖就崩下來了，很危險。」

「所以，那煤脈是直直上去？」「對，直直的，一個片道，然後它的下研、上研都有炭，比較好的是四米，七、八米的那個會壓死人！它那個上研會垮下來，要放相思樹也不好放。」

說到這劉清金又用雙手比了煤脈往上斜斜延伸的手勢。意思是片道是呈縱向延伸，在它的上、下岩層有煤，一般如果是四米內的片道還好，如果高度達七、八米的，因為角度關係，不好架相思木加固岩壁，所以如果光顧著挖下層煤，要小心上層岩盤會坍塌。

風聞竹苗一帶的煤田，很多煤脈都是以超過四十五度角的走向延伸，所以跟北北基宜一些礦坑需躺臥著挖煤的情況不同。聽聞劉清金的訪談，亦足以印證傳聞不虛。

因為煤層是往上走，「牛牢」（gu diau、，相思木ㄇ形支撐架俗稱）不好撐，所以劉清金說：「那個四米（高）放相思木架子很輕鬆，那個八米的不好搞。」

坑內組訓自來就是師徒制，劉清金說明在新竹煤礦（復興煤礦），因為是國營的企業，他們不叫小頭（包工）、領班或班長，而是以「師傅」稱呼。這邊掘進工一班約二至三人，而採煤工一班十到二十人不等；帶班的都稱「師傅」。

劉清金特別強調，班的組合需要同僚間的合作無間。譬如掘進操作「鴨頭」（鑿岩機或汽動鑽頭）時，由於機具頗重，一定要一人手握鑿機鑽孔（謂之「鴨頭」），另一人扶著鑽頭（謂之「鴨仔」）。

至於「作炭」（採煤）也一樣，一個挖，一個把煤炭割下去；有時候遇到滴水，煤炭會卡住，還要另一個人幫忙。一「下炭」就用台車運出來，台車空的時候就載相思樹進去，再載煤出來。

好奇問劉清金：「你掘進做幾年？」劉清金：「做差不多一期啊。」「一期是多久？」劉清金：「四、五天。」這委實叫人嚇了一跳：「做一期四、五天就不想做了？」劉清金：「對，我看到那個工作太累，我就挖煤了，一直挖煤，第一個要先做風坑。」然後他在第三片道做一昇

「鴨頭」的操作，須鴨頭、鴨仔兩人合作。
(周朝南攝，1980年代，瑞芳猴硐瑞三煤礦)

樓到二昇樓的採煤工作。

劉清金告訴我們為什麼要做昇樓，因為底下傳相思樹比較累，從上面下來比較輕鬆。上面這邊塝的時候也可以比較快跑。他強調：「一定要做的。」再問：「所以要先做風坑？」劉清金：「對，要是落磐，就沒地方可走。」

順勢問了劉清金：「記得田美煤礦（苗栗南庄獅山村）那邊，礦長邱先生說，它們田美剛好斜坑跟風坑是平行的出去。」劉清金眼睛一亮說：「對，那羅就是這樣，斜坑旁邊就是風坑。假如這邊有崩塌，可以通到另外一邊。」他補充說：「這裡就只有那羅這樣，煤源（新樂）沒有，尖石也沒有。」

新樂（煤源）礦區的流籠

劉清金講到了煤源（就是新樂採煤場），整個話匣子都打開了！他說煤源不同於其他，斜坑較多。他細數著：「一個、兩個，還有一個在山上，礦工他們用相思樹撐（石矸）。一共三個，然後他們倒土石到復興鄉」說法一時讓人摸不著頭腦，就問他：「是土石山？捨石山還是捨石場？」

劉清金說明，山頂有石壁，是固定「流籠」用的，它幾乎成了新樂（煤源）礦區的標誌。石壁那邊有斜坑，車子過不去，所以那邊的煤都用流籠運出。他說他是沒有去做過，但看過。「流籠」又稱「溜籠」，是類似空中纜車的接駁運輸設備，有些地方稱「吊車」或「空中索道」。過去在山間溪谷交通不便處，是快速運輸人員物品的交通工具。

就此問劉清金：「那，一天大概多少來回？單向？還是雙向？一個空車上去一個重車下來？」劉清金言簡意賅：「不是有籃子，炭斗嗎？來來回回。」

話說二〇〇九年八月六日的《人間福報》有篇圖文報導，那是由記者林少雯記錄整理，國寶漫畫家劉興欽大師的圖和口述，畢竟劉大師是橫山鄉大山背人，因此對內灣和尖石的礦場人物景觀很熟，可見這圖的歷史價值非常高！

劉興欽大師口述的大意：當裝滿煤的炭斗（重車）從高處下滑，就順勢把低處已卸完煤的炭斗（空車）往上帶；被上拉的空車到高處定點再度被裝滿煤，緊接又下滑；而原先下滑到低處的重車此刻已倒空，又再被拉上高處；如此往復循環，完全不需要電力帶動。

後來才弄清楚，新竹煤礦的採煤區包括尖石、那羅、新樂等洗煤場或採煤場，都是利用流籠運送煤礦和石碴。他們將煤置入巨大的炭斗中，最後利用流籠將炭斗放到山腳下的洗煤場去。而石碴則裝入炭斗後，再利用流籠將炭斗經空中運送到對面復興鄉的捨石場丟棄。

這是山區礦場因應地形不便台車運送，並結合先民生活智慧所產生的特殊運煤方式。

國寶漫畫家劉興欽的煤礦流籠圖。劉興欽是新竹橫山鄉大山背人，因此對內灣和尖石的礦場人物景觀很熟。

深谷兩岸一線牽
萬噸貨物靠它搬
大家稱它為流籠
先民智慧值敬仰
二千零六年 劉興欽

那羅礦區的風坑，位置在復興一坑旁邊。
（朱健炫攝，2020）

尖石鄉的「泥煤」傳奇

訪談間，劉清金忽然指著油羅溪，心血來潮地說：「我告訴你，當年我們面前這條溪的溪水，沒有一天不是黑的！」因為訪問過許多煤鄉，聽了他這番話，倒也不覺得稀奇。記得在平溪，就有老礦工指著眼前的基隆河，訴說河水以前從沒清淨過的往事。

但是劉清金接下來的一句話，倒是真的引人想進一步探個究竟……

劉清金煞有介事地問：聽過「泥煤」否？這名詞或許有人聽過，但真正長什麼樣，詳情如何，恐怕多數人都不解。

劉清金說新竹煤礦各洗煤場的洗煤水都會流入溪中，這些洗煤水裡含有很厚的粉煤隨之混入溪水裡，因此溪水會變成一片烏黑。很多居住下游的尖石居民都拿水桶將之裝滿，然後回家瀝乾，或拿畚箕到溪中撈篩，等水濾掉後會成為糊狀的黑泥，裡面含有很豐富的粉煤，謂之「煤泥」。

「煤泥」經過乾燥處理成為固態後切割成塊，猶如粉煤結塊，稱為「泥煤」，俗稱「煤餅」，可供家庭燃燒或工業鍋爐使用；因價格低廉，為家庭所喜愛。劉清金笑著說，他小時候家裡都會使用泥煤燒火煮飯，甚至有族人或漢人特別開挖蓄水池，引導黑溪水到池中沉澱，等到粉煤沉積後再用畚箕挖，然後瀝乾拿到市場去賣。「聽說生意還都不錯。」劉清金說。

有別於其他煤鄉居民常於捨石場、鐵道旁、溪河邊撿拾煤粒、相思木材作為家用的習俗，尖石煤鄉居民把「黑水溝」的黑水變為可用的「泥煤」，也算是一項特色。但在一九八七年尖石的煤礦歇業後，此間的泥煤也就消失了。

與死神擦身而過的日子

劉清金從民國五十七年做到七十八年，這二十多年在地底搏命討生活，也曾遭遇幾乎讓他見不到明日太陽的事件。

他回憶在做風坑的時候，有一回同組的二手（助手）沒有把他挖的土放在礦車裡，那堆土往下滑，加上坑裡積了很多水，剛好片道打彎處有台礦車，結果土跟水都被礦車堵死，成了一大堆爛泥巴，且車輪更因遭土掩埋無法推動。他們兩人就此被卡在坑裡，沒得出來！劉清金說整整一個晚上他們不能動彈。他心想這下完了，三更半夜大概沒救了。

「由於我們是做夜班的掘進工，我做『鴨頭』，助手做『鴨仔』，我們兩個在一起工作，所以，我們卡在上頭下不去了以後，就只好等待監工能夠發現來找人。」

一直到快天亮，幸好監工上去，看到劉清金的號碼牌子仍在，才發現他怎麼還在坑裡，趕忙過來。劉清金聽到有人喊他，立刻回聲。監工聽到他叫，急速趕到將土除掉，劉清金與助手這才脫身下去了。

劉清金說不要以為礦工的收入高，很讓人羨慕，但那真的是生死交關的工作，一個不留意，甚至別人的疏忽，也會連帶要了自己的命。

煤泥

原煤

泥煤

因為談到了收入高，很自然地也就聊起礦工的工資。問他：「那你薪水怎麼算，到最後應該是一天有一、兩千塊吧？」這時問的已是進入一九八〇年代的行情，而非他初入坑七〇年代的價碼；畢竟歲月翻過十年，幣值已大不相同。

劉清金：「錢的話，一天一、兩千這樣。挖煤是比較有錢，掘進的話是也有。」他笑笑：「挖炭是比較輕鬆。」「錢也比較多，那時候是算車的嗎？」他說：「對啊，算台。」

苛扣工資的潛規則

說到這，劉清金又講了不曾聽聞的軼事。

只見他不滿地脫口說出：「煤炭太漂亮他要扣錢。」這簡直聞所未聞：「啊！太漂亮要扣錢？哪有這種事？」他說：「對啊，監工會檢查……反正他一出去就扣，我常常被扣，我們挖本層的之後就沾點下層的。監工從我們那裡賺不少。」

果然，這潛規則走到哪個礦場都免不了。

於是好奇地問：「那是怎麼扣？」劉清金說，他是一台一台扣，比如一台五百，他扣完變算四百，三個人做，挖太多不行，挖五台差不多。你挖多就被扣，要挖五台。

終於聽懂了他的意思：「反正他一台只給你四百塊就對了。」劉清金點了點頭：「對，三個人最起碼要五台。」結論是：橫豎一台五百，五台兩千五，東扣西扣，剩兩千；三個人分，可分到近七百。至於要挖幾台，幾個人分，你們自己看著辦！

劉清金：「反正十五天扣兩個禮拜天就做十三天，十三天最起碼也是將近兩萬，有時快三萬。」「在民國七十幾年，兩萬多、三萬多也真的是很多錢。」劉清金：「對啊。錢的話就很多。」以當時幣值，公司主管月薪差不是一萬到兩萬塊之間，祕書大概是三、五千塊。所以劉清金真算得上是高所得者。

劉清金笑了笑：「最少兩萬多，我都有算，所以做煤礦我為什麼喜歡，上班到一點（鐘）就收工了，要去打卡。」

接著，順便問了劉清金：「當時是做幾班？一班是做掘進，一班是做煤礦？」本以為掘進和挖煤是分班分頭作業，但劉清金搖搖手說不是，他說：「掘進有分，有時候早班，有時候晚班。」再問：「早班挖（掘進）的話，那挖煤的人不就變下午才進去？」劉清金：「沒有，不同。掘進就一直掘進，挖煤是挖煤。」問：「在同一條線上？」劉清金：「對，假如我挖煤，他出去（掘進工想要出坑），他要等一下（等挖煤重車出坑才能搭便車），我要出去就一起出去。假如說我沒有煤，車子我不要推，他們掘進的要推出去。」

聽他豪邁地說完，突然頓悟：果然，在坑底，挖煤的還是老大，難怪工資最高！

一九八七年復興煤礦（原新竹煤礦）關場，劉清金才結束礦工生涯。

劉清金說煤礦沒了就跑到榮工處當臨時工，他說：「臺北車站是我們做的，那是榮工處標的。」不過，因為是臨時工，臺北車站工程做完之後劉清金就沒有工作了。之後就在山上拉竹子、養雞……他最後總結：「反正就是煤礦沒有做，我就做別的。」

問他：「所以就一直待在尖石這邊？」

劉清金以自信堅定的口吻說：「對！」

因為家就在這裡，無論世事如何變換，只要家在這裡，就是身心得以安頓的所在。

訪問日期：

二〇二〇年二月二十二日

訪問地點：

新竹縣尖石鄉義興文化健康站（福音堂）

第五部分

礦區廢墟或文化遺產

曾經煤產幾占全臺一半的瑞三煤礦從斷垣殘壁中修復
停產多年積成廢墟的新平溪煤礦，重見天日化身博物館
舊礦場重生，得讓世人見證人與土地緊密的過往歷史

14 猴硐有貓還有煤

不知起自何時，年輕人口耳相傳：要看貓就到猴硐！

這話聽來頗令人驚訝，即便曾經因猴子得名的猴硐如今已未見猴蹤，但曾幾何時卻冒出那麼多貓？甚且竟以貓街、貓村為號召。此地昔日以產煤而聞名遐邇，還曾擁有被譽為全臺第一的瑞三煤礦。然而，尋常觀光客來猴硐吃喝晃悠，拍拍貓咪和街景上傳社群媒體後就離開，絲毫不覺猴硐的煤鄉文化和煤業歷史的存在。看在當地文史工作者的眼底，除了心痛更且憂慮，原該與土地緊密相連的當地歷史與文化是否將從此消失？他們不禁思索：被遺忘在觀光貓村的陰暗角落裡，瑞三煤礦這片珍貴的歷史遺產要如何在廢墟中重新站起？

1983 年風華一時的瑞
三煤礦整煤廠原貌。
（朱健炫攝，1983）

2022 年改建後的瑞三煤礦整煤場。
（朱健炫攝，2022）

2018 年因年久失修加上
颱風肆虐，瑞三煤礦整
煤場上部塌陷成了廢墟。
（朱健炫攝，2018）

廢墟中創生文史館

其實，早在二〇〇五年十一月，臺北縣府即將瑞三整煤廠列為歷史建築，其範圍包括：選煤廠、運煤橋、選煤廠辨公室暨倉庫及廢水處理廠；後由新北市政府觀光旅遊局規劃為「猴硐煤礦博物園區」的重要主題館區。面對整煤廠區的老舊殘破，地方人士無不希望早日重現往日礦業風貌。雖經新北市政府文化局每年編列預算整修，但總因各種因素難以整合。歷經多次颱風豪雨肆虐，幾處殘垣頹壁幾乎搖搖欲墜。如此日復一日，廢墟猶然為廢墟，大家在想重建之日恐遙遙無期。忽然，歷經三年的整修再造，新北市政府挹注了上億經費，終於二〇二二年九月十八日，瑞三整煤場在千呼萬喚中正式對外開放。

如今，一棟嶄新美觀如玻璃櫥窗式的建築落成了，地方父老在歡愉之餘，驚覺：新舊瑞三整煤場間似乎難以吻合。在地的一位周姓礦業耆老就指出：他與一群前瑞三的礦工弟兄看後，都認為新建築外觀雖如舊者，但對「瑞三鑛業」四字被拿掉，整煤場前的鐵道被移走，三樓捲揚機遭挪出室外吹風淋雨……頗感不解。他說，這些不才是象徵煤業文化的重要標記？何況瑞三整煤場已被列為「歷史建築」，依理依法，其損壞自應按原貌予以「復建」（修復）而非「改建」，畢竟「文化記憶」乃一切之首，不宜被漠視。或許官方有其考量，但諸如上述爭議，猶待各方互做更深入的溝通與說明，俾免官方的美意反成地方的憾事。

然而，就在早先眾人以為礦區廢墟重建無期，卻有一群年近六、七旬的老翁，全憑著年輕時鑽潛於海拔下與煤、塵纏鬥的拚勁，把不可能變成可能。這些瑞三老礦工投入自己的老人年金，讓一座窩在瑞三主坑旁橫遭廢棄的礦工浴室，自廢墟中站了起來，成為礦業文史館。

二〇一九年八月十日，「猴硐礦工文史館」在眾人矚目與祝福下開館，展出礦工全身配備與使用之機具器材，同時也與日本九州田川市石炭歷史博物館合作，共同展出世界記憶遺產山本作兵衛的礦工畫作和猴硐礦工們的珍貴歷史照片，呈現出兩地礦業工作的共通點並還原歷史面貌。二〇二〇年二月，館方更獲得勞動部「多元就業方案」補助，同時也是地方振興計畫的重點輔助對象。

帶頭籌建文史館的，是人稱「阿南」的周朝南。一九四四年生的周朝南，是瑞三退休礦工，也是土生土長的猴硐人。從他懂事以來，所見所聞就是一個煤礦的大世界！談到「猴硐礦工文史館」，周朝南眼睛為之一亮，說：「我們的目的是讓下一代年輕人了解礦業對臺灣經濟的貢獻，使礦工文化永遠流

周朝南與一群瑞三老礦工利用各自老人年金，
在猴硐瑞三本礦旁創設「猴硐礦工文史館」。
（朱健炫攝，2021）

傳。」接著他更語帶感性地說道：「同時也紀念我的母親和父親，兩位偉大的礦工。」

為了讓礦工文史館能展出最豐富完整的煤礦產業文物和文獻資料，周朝南把三十年前辛辛苦苦保存下來的文獻及照片全部公開。他並把當年同甘共苦、出生入死的坑底老戰友找來，每日排班輪流導覽；由這些曾在坑內與死神拔河的尖兵現身說法，特別能生動描述當年在礦場坑底的心頭點滴。

新北市礦業退休人員交流協會

這群退而不休的老礦工自組一個群體——新北市礦業退休人員交流協會。協會的核心有周朝南、柯茂琳、何炳榮、陳慶祥等人，他們正是猴硐礦工文史館的發起人。

為了不讓民國四、五十年代的「煤炭經濟」被世人遺忘，他們四處蒐集甚至收購礦工設備、照片等文物資料，更將老人年金悉數投入，四處奔波請命，只為了讓猴硐的煤業文化不為世人忘記！

來到猴硐礦工文史館，遊客有靜態的文物展出和動態的礦業探索路徑導覽可選擇。

靜態文物展在兩個場館，分三區展覽：礦業綜合區（展出礦工的帽盔、頭燈、救生器等一般裝備及礦區珍貴歷史照片）、器材機具區（展出坑內掘、採機具、炸藥、鐵軌、煤炭及營運設備）、文獻史料區（展出周朝南蒐藏、極其珍貴的歷年瑞三煤礦文獻史料）。

至於動態的礦業探索路徑導覽，則是猴硐礦工文史館特別為熱愛礦業文化、鐵道迷或祕境探索的朋友所精心規劃的三種礦業探索路徑：一・礦工記憶探索路徑（整煤場—事務所—王醫師／瑞三鑛業醫務室－工寮－美援屋－捨石山－馬坑－復興坑－本坑－礦工宿舍）；二．礦業古蹟及軌道探索路徑（一通坑－捲揚機－捨石山翻車索－捨石山軌道－通風坑口）；三．礦工實際體驗路徑（著礦工裝－救生器－領牌－領電池－搜身－法令宣導－呼口號－步行進礦坑－坐礦車－採煤－下土－裝砂－出坑）。

這三種礦業探索路徑，是有等級之分的：「礦工記憶探索路徑」是為初級的礦業迷設計，讓初步接觸煤礦文化的人，有基本的了解和認識。整個路徑採漫遊性質，在悠閒漫步中，經導覽礦工的解說，使參訪遊客融入礦業文化。而當有人完成初階的認識，願意再做進一步的體驗時，就有進階的套餐「礦業古蹟及軌道探索路徑」，那是循著山徑到深山裡找尋礦業遺跡和遺址，去發掘礦業文化的歷史。如果完成前兩項活動還意猶未盡，還可再來「礦工實際體驗路徑」，親身體驗礦工生活的喜樂和悲苦。那是穿著迷彩礦工服，從領牌、領電池一直到入坑實際操作採煤、下土和裝石碴的種種作業體驗，並享受礦工出坑時見著光明的喜悅。

問起為何要自籌資金設立展館？周朝南說這樣才能夠拿回發言權！他認為政府所設立的礦工博物館僅展出硬體，並無法傳達礦工的血汗故事及暗無天日的歷史。「在國家需要能源時要求產能，長工時挖煤提供能源卻在多年後不聞不問，臺灣近代經濟史忽略我們這一群勞動者貢獻。它是全世界最高傷亡比例的勞工工安事件，煤礦從業人員在民國四十一至六十五年平均約四萬七千多人，六十六年至七十九年從業人數更低了，但總死亡人數卻達六千多人！當今世界上有哪一個行業死傷如此高？若再加上職業殘廢及矽肺症，那恐怕傷亡比例高達二成五！」他認為，三十年前被遺棄的尊嚴要拿回來——這是他的期許。

以瑞三為家，以父母為師

周朝南一九四四年出生時，他的父母就已在瑞三當礦工了。就像所有成長於礦場的小孩，他的童年生活與礦區緊緊相繫，幫著母親撿拾路上或礦區裡散落的炭塊和木材以供家用或零售，是他抹不掉的記憶之一。當爸媽上工時，年幼的妹妹和弟弟就由他照顧。他說：「我十歲開始照顧我妹妹，我妹妹差我六、七歲，她三、四歲時，都是我帶的……十一歲時照顧我弟弟……」回憶過往他不禁苦笑：「我父母都做礦工去了，我都欠人照顧了！」

年少歲月悠悠而逝，十六歲時，他就跟著母親入坑，替母親在坑內幫忙下土、推車和下炭的工作。直到十八歲有了身分證可以正式辦勞保，他才成為真正的礦工。周朝南笑著說：「我啊，無牌的礦工做了兩年，等到有牌我都已經『半桶師』了！」所謂「半桶師」，他補充說：「就是半個師傅了！」周朝南得意地說，成為正式礦工沒多久，他就升為「師傅」。也就是偷偷入坑的那兩年，讓他至少學會一半的採礦十八般武藝。

周朝南的礦工生涯，也是厚厚一本「礦業史」。

他的父親是「小頭」（小包工），他先是入坑跟著父母學「改修」，約十八歲時，如他所言在習得半桶師的工夫後，即離開父母羽翼自行謀生。周朝南說：「改修做了一陣子，我就與一位五十多歲的老師傅共同拿了一個『挖掘尾』（烏龜尾）的工作……那時候我們一老一少很拚的！」言下不無得意。十九歲左右，他就「出師」當「師傅」。

如此又做了一陣子，周朝南再回頭跟著父親學「剪矸」的工作。「矸」是古漢字，臺語發

周朝南說這輩子的工夫都是跟爸爸媽媽學來的，先是入行做改修，接著做奧部，然後是做剪矸。
（周朝南提供，1970年代，瑞芳猴硐瑞三煤礦）

音gàm，字義就是「煤礦的石磐或廢石」。「剪」即「剪割」，亦即從中切開。「剪矸」就是把預計可能潛藏煤脈的外層石壁（磐），用鑿、切割機具將其「剪」開，以尋求煤面。

周朝南解釋說：「剪矸是最硬邦邦的（工作），也是最重要最有價值的，剪矸就是在沒有煤炭的地方，把它打洞……」它是所有掘進工作的開端。為了要把石壁「剪」開出一縫裂洞，此過程中石塵的產生量最大，甚至比後續的「挖掘尾」工事多過好幾倍。對此，他極其無奈地說：「我現在有砂肺（矽肺病）就是從剪矸來的！還好我只做不到兩年，如果做五年，早就翹掉、再見了，沒有辦法在這邊做礦工文史館。早就跟我大哥（指的是他堂哥）去蘇州賣鴨蛋了！」他嚴肅地說：「我大哥四十九歲就死了，砂肺死的。」想了一下他又更正：「不，是四十六歲！」

周朝南指出，他這輩子在坑底討生活的工夫，都是自小跟著爸爸媽媽學來的——先是入行做改修，接著做挖掘尾，然後跟著父親做剪矸。可以說，他人生前期的大半光陰，都是在瑞三煤礦度過的。

為退職礦工請命

在周朝南的帶頭下，老礦工們拚盡傻勁，不只創辦猴硐礦工文史館，更投身為那批曾在礦坑裡出生入死的退職礦工請命。

時間回到二〇一一年四月的立法院，一個由跨黨派立委共同連署的「老年礦工福利津貼暫行條例草案」被提出，它擬比照老農津貼，發給六十五歲以上老年礦工每月六千元福利津貼。這在無數曾於暗黑坑道懸命一線的退職礦工間掀起漣漪，知情的老礦工們紛表樂見其成。

「這將是政府遲來的正義。」前立委也是礦工子弟的廖本煙如是說。

四月二十四日的《自由時報》報導，引述當時已八十二歲、當礦工五十多年的黃兩義的話：「煤礦業在臺灣工業發展、經濟起飛的年代扮演重要角色，尤其在六〇年代臺灣面臨能源危機，因為有煤礦的開採，才能幫助臺灣度過這場浩劫……黃兩義感嘆，礦工在惡劣的環境開採，應付臺灣過去六十多年來工業及發電所需。但政府停止礦業命令一下，沒有任何協助再就業或補助，退職礦工大多只能自生自滅，『如今礦工老的老、死的死，處境堪憐。』」

然而，歲月就這般流逝，所謂的老礦工津貼依然如天上的浮雲。

曾經，這個爭取津貼的浩大工程，一直為「台灣退職煤礦職工福利協會」戮力的目標，時至今日他們仍不忘初衷。而同時，另一群有心人也本著這個意志，由周朝南率領不屈不撓地繼續追尋同一個標竿。

二〇一八年，周朝南接下「新北市礦業退休人員交流協會」理事長職務，他始終把這件事

周朝南（左）接任「新北市礦業退休人員交流協會」理事長，不時公開宣傳透過立法為上萬的失能退職礦工爭取退職津貼。（朱健炫攝，2020，台北，經濟部礦物局）

情放在心中，不時在公開場合向有關機關和單位宣傳，並爭取透過立法為上萬的失能退職礦工們的津貼請命。

周朝南說，礦工職業風險「超高」，連同矽肺病死亡率高達二五％！他展示一張礦業年表，密密麻麻地細述了臺灣礦業的過往。由表列統計，臺灣歷年煤礦從業人員約五萬餘人，因礦災致死者有六五六四人，死亡率高達十二％。周朝南說：「這只是礦災現場死亡人數，如果再加上後期矽肺（塵肺症、矽肺病）致死者……」他估計礦工因職災、職病死亡率絕對超過二成五。「這個比例很高！如果按照這個比例，每採煤炭三萬五千噸，就要死一個礦工。」他說。

上凱道，「春鬥」爭權益

除了高職災、職病死亡率，矽肺病更是多數礦工們難以倖免的惡夢！很多人都是帶病退職退休，且都由於去職退保，其罹病的後續竟無法獲得妥善治療！

這種得了職病無法治療的事件，早在一九九四年就被注意到。老礦工口述歷史〈敬仁協助離職礦工塵肺症求償〉提到：「一九九四年，當時敬仁勞工中心的義工劉益宏醫師在平溪衛生所為當地居民看診時，發現許多老人家肺部都有問題，再進一步診斷與詢問後，發現都是退休的礦工，是以前礦坑工作引起的塵肺症，於是將這些名單轉介給敬仁的創始人田明慧醫師，希望可以提供他們一些幫助。為了了解礦工的實際狀況，田醫師與工作人員李麗華循著名單在平溪挨家挨戶的拜訪，敬仁的礦工服務就這樣展開。」

在敬仁前赴各煤鄉強力宣傳、辦說明會等勸導下，礦工們口耳相傳凝聚，逐漸形成力量，經過不斷請願與抗爭，臺北縣礦工終獲由縣政府補助的塵肺症免費醫療。但前引網站資料繼續提到：「一九九五年三月全民健保開辦後，臺北縣政府不再發給醫療免費的『紅單子』，礦工馬上面臨到龐大的醫療費用問題。敬仁開始研究全民健保，發現全民健保有重大傷病補助，但是所列的項目卻不包含塵肺症。於是敬仁在那一年發動礦工，參加工人立法行動委員會在四月十八日的春鬥反『賤』保遊行，爭取將塵肺症列入重大傷病範圍。」後來訴求終獲衛生署答應，將塵肺症列入健保重大傷病範圍，礦工從此享有就醫免部分負擔保障。但又因塵肺症的認定標準過嚴而無法取得重大傷病卡，再經向當時的勞委會強烈反應，方將塵肺症的認定標準由四度降為二度而得解套。

但這只是他們為退職退休礦工們所爭取、僅就職病醫療所應得福利的一部分而已；還有更多人是晚境淒涼、孤苦伶丁難以繼日，亟待各界伸以援手。

對此，周朝南不無抱怨：政府對這群曾為臺灣經濟賣命過的礦工，一點都沒照顧到，應該要比照老榮、老農跟老漁民的待遇！

爭的是「老有所終」的基本人權

二〇一九年十一月二日，勞動部長許明春偕同經濟部次長等人赴文史館視導，礦工們即當面呈請部長等長官，能重視老礦工也能有與老榮、老農跟老漁民的待遇，允予通過立法設立老礦工津貼。

二〇二一年四月初，由「新北市礦業退休人員交流協會」的毛振飛、廖拱信、周朝南三人署名，透過社群發布「召集令」，尋求各界志同道合人士，一起參與同年五月一日的勞工聯盟「春鬥」遊行，正式上凱道向最高當局要求重視退職老礦工的權益，爭取他們能比照老農、老漁、老榮津貼或退職金制度，讓這群曾搏命於地底，為國家經濟發展及工業起飛獻出青春與生命的礦工，爭取微薄的回饋！

勞動節當天中午，超過百名來自基隆、瑞芳、平溪與苗栗等地，平均年齡多已「七老八十」，甚至有超過九十歲的老礦工們，集結於立法院群賢樓旁舉行記者會，公開呼籲政府積極出面，以具體的政策協助、照顧全臺人數僅剩不到兩萬的退休礦工的老年生活。

記者會後眾人隨即齊上凱道遊行，他們自稱是一群臺灣「最後的礦工」，生平首次拖著年邁、長年受到煤礦職災與職病殘害的身軀，再度戴上黃色礦工頭盔、扛起他們熟悉的鐵鍬，走到總統府前的凱達格蘭大道，對自己曾以青春與血汗播種過的臺灣社會，以及這片自己熱愛的土地喊出他們的心聲！更向政府當局高呼大家的訴求！

當天，長期投入協助ＲＣＡ職業災害工人，為其爭取權益並跨國訴訟的世新大學社會發展

2021 年 5 月 1 日，來自基隆、瑞芳、平溪與苗栗等地超過百名的老礦工集結於立法院群賢樓旁召開記者會，訴求替退休老礦工爭取權益。（周朝南提供）

所陳信行教授，和台北科技大學的鄭怡雯教授，以及台灣勞動歷史與文化學會陳柏謙祕書長，也出席了記者會支持並聲援老礦工。

關於這些微薄（或卑微）的訴求，其實早在二〇一四年六月十六日的《中國時報》報導引前海山礦工蘇有前所言：「礦工拿命拚經濟，福利卻比不上農、漁民，省政府成立的『臺灣區煤礦礦工福利委員會』，精省後所有資產全被新北市政府接收，卻因入庫無法專款專用！『那些資產全是我們當年用命換來的，為何不能回饋給我們？』」

報導中亦指出，八十一歲礦工錢壁輝長年因矽肺病臥病在床，他兒子表示，自二〇一三年開始，雖新北市礦工每年都有兩千元福利金，但他們住在桃園，卻領不到補助。

同報導中也引前海山煤礦公司辦公室主任羅隆盛的說明，他指出，海山煤礦災變後海內外踴躍募款，這筆善款卻被政府以礦工子女「尚未成年」為由，並未撥付下來幫助礦災家屬，這筆錢應該要給個明白交代。該報導中並引述出身礦工世家的臺灣退職煤礦職工福利協會理事長陳白霞說：「礦工的辛勞難道比不上榮民與老農嗎？」她表示，隨著災變時間距今越來越久，政府早就忘了這群在地底奮鬥的無名英雄。儘管經過多年爭取，新北市府從民國一〇二年開始，每年發放二千元慰問金給退職礦工，但這些錢連三十個便當都買不起！她認為，市府應取之於民用之於民，除希望慰問金至少調整至六千元，也應照顧當年從外縣市到新北市工作的礦工。

對此，周朝南誓言：「我絕對要為這群曾為臺灣經濟繁榮賣命過的礦工同僚們，要求政府多一點照顧，更應該比照老榮、老農跟老漁民的待遇，每年甚至每月都能領到退職津貼。」

曾經風華一時的瑞芳猴硐瑞三煤礦，歷四十五年總計產出六千三百多萬噸煤，躍為臺灣煤業鰲頭。全盛時期曾造就一八二〇多名員工（職員一二五人，礦工一六九五人）之生計，若含武丹坑金礦職工更高達二〇〇五人。上述數值，若以平均每戶撫養四人計，就有八千人以上受惠，連同周邊生活產業，全盛時的瑞三煤礦至少養活了一萬人！

周朝南與猴硐礦工們都以能成為瑞三人為榮。畢竟偉大的產業能創造偉大的從業人員，而偉大的員工也能創造偉大的企業。

瑞三煤礦莫不就是如此！

訪問日期：

(1) 二〇一九年八月十四日

(2) 二〇一九年八月二十七日

訪問地點：

(1) 猴硐瑞三煤礦本坑坑口

(2) 猴硐礦工文史館

15 上有天燈下有煤坑的平溪

人類文明暨文化進展上最大的悲劇，乃是人類自己親手把遺產銷毀成廢墟。今日臺灣把屬於後代子孫權益的歷史文化產業和精神文明，摧殘成一片片的荒煙蔓草和一處處的殘破廢墟！

土城海山煤礦遺址是如此，深澳建基煤礦遺址是如此，唯一稍慰人心的是水金九和尚待復原的猴硐瑞三。有幸，新平溪煤礦博物園區做了一個良好示範。

新平溪煤礦博物園區的董事長龔俊逸，是一位試圖將廢墟復原為遺產的民間煤礦業先驅。龔俊逸很清楚自己的目標、責任和計畫，他詳細地闡釋著一套套想法和做法，為維護新平溪煤礦的歷史文化價值和人類精神文明的遺產而奔波……

龔俊逸（左）很清楚自己的目標、責任和計畫，他詳細地闡釋著他的想法和做法。（朱健炫攝，2020，平溪十分新平溪煤礦）

新平溪煤礦博物園區的前身

新平溪煤礦是較晚開掘的新坑。

一九六〇年代，正是臺煤景氣最夯的年頭。臺陽的石底煤礦開採順利，為了更進一步拓展挖掘，臺陽在平溪做深部煤田探勘，後發現煤脈走向直穿十分車站後山。復進一步檢測，認為煤層條件不符合深部斜坑之集中開採，於是決定在此地域範圍以平水坑挖掘深入後，再設斜坑開採。

一九六五年一月新平溪舉行破土，五月開挖電車大巷（平硐），一九六七年一月開始出煤。一九七八年八月，它正式自臺陽煤業分出，獨自成立新平溪煤礦股份有限公司，並於隔年二月移轉礦權，但控股者仍為臺陽。

一九八四年海山、煤山、海山一坑煤礦接連三起重大礦場災變，拖垮了整個臺灣煤業。在政府的勸說輔導下，體質不良的礦場紛紛收掉或讓出，臺陽也在做相關打算。

龔俊逸清楚指出，一九八五年時，臺陽已逐漸結束一些煤礦場。因為煤業部分自災變過後，政府開始開放煤炭進口，加上石油能源的取代，基本上已偏向夕陽工業了，所以臺陽才陸續把手邊礦場予以出售。臺陽公司洞悉此必然趨勢，於一九七三年成立石底鑄造工廠，準備收容即將失業的礦工，直到一九八八年，臺陽公司讓售石底煤礦全部股權，退出菁桐地區的經營。是時，龔俊逸的父親龔詠滄老董事長就籌資，自臺陽手中把新平溪給買下來重新經營。然而，營運的情況其實並非很理想。

龔俊逸說明：「因為以前我們都已經採到很深部了，最深的地方已經採到地平線以下約三百公尺……就是以我們這裡的地表開始算。」他解釋：「因為我們這邊的海拔是二二五，然後那已經採到快負三百多了，所以正負已經差不多是五百米了！」

按《平溪鄉煤礦史》記載，新平溪煤礦在地質上位於石底向斜軸之西北翼最東礦場，因此煤層之本層屬石底層乃無庸置疑。有趣的是此煤礦的東北方，正好跟猴硐的瑞三煤礦本礦之五斜坑交接，它算是臺陽公司在平溪鄉最遲所開之新坑，而且只有本層有開採價值，但中間夾矸厚達三至八公尺。儘管本層煤藏量達一六〇多萬噸，可採煤量也近一三〇萬噸，但仍有不少考驗。

歷經煤礦重大災變，政府政策從輔導臺煤供銷活絡，轉向為勸說轉業，不久也開放煤炭進口。自產炭源問題加上進口煤的解禁，令陷入困境的新平溪煤礦，開始有了轉型的打算……

從煤礦場到文化館

新平溪煤礦的年產量高峰期在一九七〇年代，越過一九八〇年代產量則大減，甚至逐年下降。自一九九四年起，基本上已在虧本狀態。就在一九九七年，經不起大環境難以為繼的現

新平溪煤礦龔詠滄董事長
（龔俊逸提供，1980 年代）

實，新平溪煤礦只能痛苦地宣布收坑。

龔俊逸分析其原因：進口煤價格低廉。因臺灣為了爭取加入WTO的關係，政府不再對臺煤進行補貼，以致生產成本高之臺煤難和進口煤競爭。加上一九八四年連續發生的三大礦災，更加速政府結束臺煤生產的決心。所以在大勢所趨之下，新平溪煤礦不得已就停產了。

一九九七年，基福隧道工程通過礦區，加上工資高漲不敷成本，新平溪煤礦終於宣布停採。礦方將相關設備轉售仍在開採中的裕峰煤礦，整個新平溪礦區就漸漸荒蕪成一片廢墟。

直到二〇〇一年，龔詠滄計畫將此荒蕪礦區變成博物館，這片廢墟才稍露一絲曙光；但那時龔家人都反對，畢竟那是一個相當浩大的工程。

據張偉郎《2016台煤采風 平溪》所載，以及龔俊逸的回憶，龔詠滄一直念念於煤礦事業，依然執意要保存礦業文化，是以在二〇〇一年的時候，就跟一些老礦工慢慢整理部分產業。適巧為配合二〇〇二年平溪天燈節活動及十分瀑布景點等觀光政策，龔詠滄重新修復「獨眼小僧」，並著手搜集整理臺灣煤礦業相關文物、史料、機具等，且仍保留採礦權，整頓廢

基福公路的基平隧道工程通過礦區，加上礦工工資高漲不敷成本，新平溪煤礦終於宣布停採。部分設備轉售予仍在開採的裕峰煤礦。走在新平溪礦區，處處可見廢棄礦車。

（朱健炫攝，1990）

棄坑道，將新平溪煤礦轉型命名為「臺灣煤礦博物館」，規劃建置為動態保存礦業文化的煤礦博物館。

就在二〇〇三年，當時的文建會（即今之文化部），正式把新平溪煤礦列為「地方文化館」。

龔俊逸表示，觀光門票收入實際根本不敷成本，臺灣煤礦博物館經營十分困難，在長期虧損的情況下，二〇一二年十二月起，遂由母公司新平溪煤礦接手經營，並更名為現今的「新平溪煤礦博物園區」，但它仍是文化部的地方文化館。

結合原礦場空間與設備的展出規劃

新平溪煤礦展出的規劃乃是依原有的空間和設備為藍圖，主要分成以下區塊——

礦業展覽室：原本是修理電車頭的地方。新平溪煤礦電車的載運動力是由架空電線來供應，這個電車維修室原本地上鋪有鐵軌，現改建成靜態展覽館和視聽室。細細瀏覽，可認識臺灣煤礦史及新平溪煤礦全區之生產及運輸系統，和礦業前輩的口述歷史影像紀錄等寶貴資料。

安全訓練坑道：這是當年礦務局用來訓練救護隊的設備，為了訓練人員在狹小空間裡，萬一發生事故能自救與救護。遊客進入坑道體驗前要先戴上安全帽以保護頭部，礦工帽顏色有：白色代表工頭，藍色代表機電工，黃色代表礦工。

新平溪煤礦坑坑口：新平溪煤礦尚蘊藏有八百多萬噸高熱值的燃煤（動力煤）尚未開採。坑外礦區自成立私人煤礦博物館至今，為全臺保留最完整的煤礦場，環境也多保存為當年樣貌，坑內平水坑道全長一二八三公尺。

煤礦場電機車獨眼小僧：被日本人暱稱為獨眼小僧的電機車頭，臺陽公司於一九三七年自日本進口，最早啟用於九份的九號坑金礦場，比臺鐵一九七〇年鐵路電氣化還早，是全臺早期的電氣化火車頭之一，也是目前臺灣唯一保存且仍在使用中的煤礦電機車頭。

臺灣原有六部日製獨眼小僧，現僅存三部已成國寶級，皆為新平溪煤礦博物園區所珍藏：其中含二部日輸（Nichiyu），一部日立（Hitachi）。園區另外有三部臺陽牌（臺陽仿照日系原裝車頭，自行製造的山寨版）。

獨眼小僧月台：候車月台位於坑口附近。在過去，獨眼小僧自坑內將煤運至坑外翻車台前的檢量室，當場清點並記錄出煤車數量及體積以作為支付工資依據。現今，遊客搭乘由獨眼小僧電車頭拖曳的列車，穿行坑口通往月台公園全長七七五公尺的鐵道，沿途可欣賞捨石山、翻車台及容量達五百輛台車的卸煤斗等礦區相關文物景點，將進入難忘的時光隧道之旅。

新平溪煤礦檢身口：當年每位礦工都有黃、白兩張名牌，進坑前拿「黃牌」到充電室換頭燈、電池；拿好裝備走回檢身口，交出香煙、打火機等易燃物給檢身員，名牌板上留著「白牌」表示此人進坑。出坑後繳回裝備換取「黃牌」掛回板上，表示此人下班。後期改用打卡以記錄進出坑時間。

舊式礦工頭燈展示區：坑道採煤唯一的照明就是頭燈，早期頭燈是軟布帽加上簡易電能發光，被稱為「不安全頭燈」，直到有塑膠製品，才改為硬殼安全帽。舊式頭燈的燈泡裡有兩條會發光的鎢絲線，一條燒斷時，另一條可切換備用；電池外盒鎖頭是三角型，需特殊工具才能拆卸，主要防止脫落造成事故。在一九七〇年代美國煤礦工所用的頭燈帽已有更多功能：當頭燈光線漸漸微弱時，表示坑內氧氣不足；當頭燈光線越來越亮時，表示坑內甲烷（CH_4）濃度過高，礦工就能即時自救。目前煤礦坑內礦工頭燈已進步至極為輕巧的鋰電池防爆頭燈。

一氧化碳自救呼吸器：當火災發生時，會產生大量一氧化碳，呼吸過量一氧化碳就會昏迷。一九八四年國內連續發生三起礦區重大災變後，政府向國外採購這些裝備，礦工進坑都要帶在身上，遇火災發生立即打開密閉式外盒，將裝備套在頭上，嘴含呼吸器，用夾子夾住鼻子以免吸入一氧化碳，有效使用時間為四十分鐘。

模擬坑道：這是模擬地底開採煤巷真實環境所設計，包括坑內煤脈呈現、坑道支撐結構方式。舊式礦坑內唯一光源來自安全頭燈，現代國外坑道已採用低耗電防爆照明設備。坑內利用山頂通風口的大型抽風機由坑外送進新鮮空氣，坑內溫度越往地下越濕熱。

特展室：由舊辦公室整修而成。

礦工澡堂：坑內濕熱，礦工們工作時多半裸著上身，出坑時全身總是煤灰，通常會沖澡才回家。礦工澡堂是聯繫友情的場所，彼此袒裎相見，分享開採狀況與生活點滴。當年能在辛苦工作後沖個澡，是件十分幸福的事，現仍保持原貌。

成為「系統性保存最完整」的博物館

對於博物館的定位，現任董事長龔俊逸如此闡明：「這個礦館存在最大的一個意義，就是說，它是一個系統性保存非常完整的博物館，這個所謂系統性保存，我們從坑道、主斜坑的系統、獨眼小僧的系統，一直到捨石山的系統，還有到我們的翻車台、底部的輸送帶、連接到洗煤場、儲煤槽，一直接到臺鐵的軌道，然後接到十分車站，整個脈絡都是完整呈現的。」

龔俊逸強調：「所以，這個部分，我們是在二〇一八年的時候透過文資局的再生計畫，就做整個全面大盤點，證明它是一個系統性保存非常完整的博物館。」

盤點整個礦區鐵道及運作路線，龔俊逸規劃諸多系統：

坑口至卸煤斗系統：指的是當年時間車從坑口拉煤出來，直接運至現在月台邊的「卸煤斗」。這條獨眼小僧運煤路線就是「坑口至卸煤斗系統」。

卸煤斗至洗煤場輸送帶系統：上述卸煤斗下方出口有輸送帶送往洗煤場（A），選洗煤場內以機器配合人工將煤石分離，並做煤炭分類；優質煤會用降煤輸送帶卸裝於煤斗車（C、D），經平溪線鐵路運出（E）。

洗煤場至卸煤斗索道系統：選洗煤場篩選的不合格煤將併同篩掉的石碴，利用捲揚機把一台台的「番外品」，經索道回送卸煤斗邊的月台（B），再由獨眼小僧運往捨石山丟棄。

平溪線至卸煤斗索道系統：這是平溪線臺鐵（寬軌距）系統與獨眼小僧窄軌系統的連結線。礦方對外採買的大宗機具材料（如坑木），經過臺鐵運至索道口，利用捲揚機將其拉到卸煤斗旁的月台（B），然後再由獨眼小僧運走。

側線至捨石山及捨石山索道系統：從坑口至卸煤斗月台之間，另有一條側線往捨石山。

龔俊逸更進一步說明：「新平溪選洗煤場與儲煤槽的鐵道接到的就是十分村，所以我們今天就是要把這個脈絡完整地呈現。」

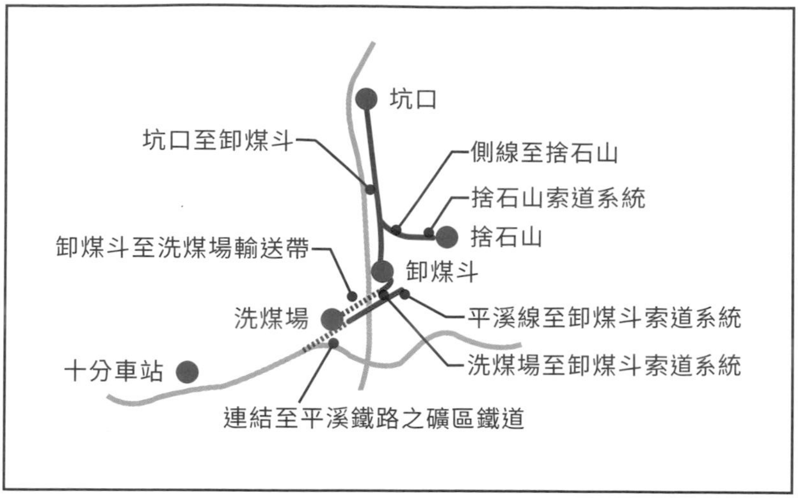

新平溪煤礦運輸路線圖

運作中的選洗煤場周邊之相關系統（Copyright © 小林隆則，新平溪煤礦博物園區提供，1991）
A 選洗煤場　B 月台　C 降煤輸送帶　D 煤斗車　E 平溪線

疾馳於地下電車大巷的
「獨眼小僧」。
（朱健炫攝，2018）

如今的獨眼小僧已成為遊園列車，供遊客做礦業體驗。
（朱健炫攝，2018，新平溪煤礦博物園區）

這顯然就是他們籌設這座煤礦博物園區的初衷。

龔俊逸闡析，平溪就是當初有了煤礦的開採，後來才漸漸形成各個聚落，所以煤礦跟聚落是一個緊密的關係。這些員工除了當地的人，也有來自四面八方的，然後他們逐漸在礦場周邊落戶，所以才聚合成整個平溪這邊的聚落，這就是聚落跟這個煤礦的關係，當初新平溪煤礦最多也有五百多個員工。

「後來各個煤礦陸續收起來，那聚落當然就逐漸沒落了。」龔俊逸舉這個例，也說明了：無論是海山煤礦跟土城聚落、建基煤礦跟深澳聚落、臺陽礦業跟九份與菁桐聚落、瑞三煤礦跟猴硐聚落，這些聚落當年都繁榮一時，而且都比它們現在周邊任何一個繁華的城鎮更繁華。

他指出，二、三十年前因為天燈，還有瀑布的關係，十分、平溪、菁桐等這些地方的觀光開始慢慢發展出來了，觀光發展出來了以後，更要追溯這邊的歷史跟淵源。

平溪線鐵道絕對是大平溪區觀光與產業的大動脈，而此鐵路，正是從礦業開始。一百年前，當初從石底大斜坑開始，為了把煤運出去，所以蓋了這條鐵路。也就是說：沒有煤礦業，就沒有這一條鐵路！

而新平溪煤礦博物園區保存有最完整的煤礦生產、運銷系統可資展覽。他說：「以前有產業的時候是先有煤礦，後有聚落；現在反而是觀光把聚落帶出來了！」

龔俊逸再次強調：「因此，我們現在是要重溯這一個煤礦跟聚落的關係。」

訪談最後，龔俊逸的一番話令人難忘：「我們把整個礦區再完整呈現，就是再造歷史現場；把煤礦跟聚落的關係，再做另外一個的陳述，這便是我們在保留新平溪的時候，想要去呈

平溪線十分車站。平溪線鐵道絕對是大平溪區觀光與產業的大動脈，而此鐵路，其實是從礦業開始的。（朱健炫攝，1987）

現的部分。」

回望「新平溪煤礦博物園區」，想起煤鄉的種種人與事，讓人禁不住心中吶喊：「我們要遺產，不要廢墟！」

當你隨著冉冉而升的天燈仰望天空之際，莫忘記腳踩的土地底下，是蘊含豐富人文歷史的煤層。

訪問日期：
二〇一九年七月十一日下午
訪問地點：
平溪十分新平溪煤礦博物園區

礦場用語說明（依首字筆畫排序）

＊其中臺語發音係依據教育部「臺灣閩南語常用詞辭典」之拼音編纂。

二手——礦工師傅的助手。

二斜——第二斜坑之簡稱。

三半——臺灣人忌諱「四」，因為與臺語「死」（sì）同音，礦工亦然。因此「四」都以「三半」稱之。例如十四講成為十三半。

下土——從石磐挖掘下來之石碴，將之放置於礦車上，臺語俗稱「下土」（hē-thóo）。

下炭——從煤層挖掘下來之粗煤，將之放置於礦車上，臺語俗稱「下炭」（hē-thuànn）。

上添片——位於斜坑最上部之排氣片道，稱作「上添片」。它與「管卸」（風坑）連通，是斜坑片道最後透過「管卸」（風坑）對外的排氣片道。

小頭——自日治時期以來，臺灣的礦場都採包工制，也就是由工頭（俗稱「小頭」）直接包下一個片道，帶領一班約十人左右承攬開採工作，至於工資、開採量、配備與工具之分擔，則由勞資雙方商議立約即成。

天車——「捲揚機」之俗稱，詳見「捲揚機」。

天車間——即「捲揚機房」，為放置「捲揚機」（天車）之房間。

片（一片、二片、三片）——即「片道」。詳見「片道」說明。

片道——從「斜坑」分支出去的煤巷，日治時代留下之術語。因「片」日語為かた，因此礦工多以「kata」稱呼之。

中央坑——也稱「主坑」或「本坑」，各礦場稱呼不同。是礦場最主要之坑道。

牛牢——坑內相思木ㄇ形支撐架，臺語俗稱「牛牢」(gû-tiâu)；也有稱「牛柱」(gû-thiāu)。

刈頭（二車）——通常片道的一個採煤面長約六十公尺，謂之「刈嘴」(臺語 kuah-tshuì) 或「炭嘴」(臺語 thuànn-tshuì)；而煤面之頭端最靠近煤巷（片道）處，即稱為「刈頭」(臺語 kuah-thâu) 或「二車」(語音：lī-tshia)，那是煤巷在採煤時的起始點也是分支點。

刈尾（三車）——由刈頭煤巷再朝上、外之挖掘處稱作「三車」(臺語 sann-tshia)，掘進到最上端的工程稱作「刈尾」(臺語 kuah-bué)，煤巷的開挖最多至三車。礦工則以刈嘴、刈頭、刈尾、二車、三車形容礦工挖掘位置。

平水坑——臺語 pênn-tsuí-khenn。由地面水平入坑。平水坑自坑口始便以水平方向挖鑿，使成長度約一公里之大平巷，又稱大巷硐。上鋪車軌供煤礦列車行駛，故礦工們習稱平巷、電車平巷、電車大巷、電車平路或電車路。

平水仔——臺語 pênn-tsuí-a。是臺語「平水坑」(pênn-tsuí-khenn) 的暱稱。

打孔（空）——臺灣礦工謂之「拍空（孔）」(臺語 phah-khang)，即用鑽桿在岩磐鑽孔打洞，其目的有二：一是掘進前的「先進鑽孔」以防瓦斯突出；再是掘進時鑽孔以埋炸藥爆破。又稱「採掘跡」。

石棱（稜）——臺語 tsiòh-lîng，簡稱為「棱（稜）」(lîng) 或「棱（稜）仔」(lîng-á)。這是煤面走向與石面的交接處產生石面「棱角」，造成煤面寬度突然縮減，甚至使煤面中斷，無法連續。

石底——平溪的舊名。

石底向斜軸——向斜軸是一種地質學名詞，依維基百科說明：「向斜 (syncline) 是一種地層排列方式，摺曲的兩翼岩層方向相向。指岩層發生褶曲時，其形狀大部分為下凹陷者。在一般平地上，向斜的地層上半部受到侵蝕變平，會形成中間較新，兩側較古老的地層排列方式。」

由於向斜是兩褶曲隆起間之凹陷地帶，成為一軸線存在，常成為河道經過之區域。而石底向斜軸為東北—西南走向，亦成基隆河在平溪區的流域軸心，兩翼（東南、西北）布滿煤礦。

作石（做石）——「掘進」的臺語俗稱，亦即挖掘石磐，以尋求「煤脈」便於採挖；而採挖煤炭（即「採煤」）臺語俗稱為「作炭」（做炭），與之相對應。

改修——掘進工與採煤工一邊挖掘，會一邊利用鐵架或木架進行坑道支撐以免落磐。爾後再由改修工接手，隨時檢查並改修支撐設備，以維護坑道安全。改修工的工作主要在坑道安全的補強，其工資亦按改修長度（距離）計算，在日治時代此改修長度稱為「跡間」，日語發音あとま（ato-ma），但臺灣礦工都發あとかん（ato-kan）音。

硏——即礦坑內的石磐。「硏」是古漢字，臺語 kám，字義就是「煤礦的石磐或廢石」，或「夾有煤粒的石磐」。臺灣所稱的「石碴」在中國煤界稱「石硏」。

落硏——即臺語 lòh-kám，即「落磐」的臺語俗稱。

上硏——岩盤的上部。

下硏——岩盤的下部。

夾硏——煤層中夾有石層或石礫。

剪硏——臺語 tsiān-kám，「剪」即「剪割」，亦即從中切開。「剪硏」就是把預計可能潛藏煤脈的外層石壁（磐），用鑿、切割機具將其「剪」開，以尋求煤面。

昇樓——基本上，昇樓法是臺灣較早期的人工採煤法。臺灣礦工稱坑內傾斜向下掘進為「卸」（原字「頕」，臺語 tàn）如：斜坑；傾斜向上掘進為「昇」（俗稱「添」，臺語 thinn。似臺語「天」之音）。

卸——即斜坑的俗稱。卸，此處臺語音不叫 sià，而叫做 tàn。tàn 之原字應為「頕」，其華語音ㄉㄢ，臺語文言（讀音）為 tàn，白話（語音）為 tàm，有下垂之意；如「點頭」臺語叫「頷頭」（tàm-thâu）。像臺灣礦工把平水坑接斜坑之處形容為頷（tàm）。但早期礦工慣以日據時習用之「卸」字代之，沿用至今。

卸底——即斜坑底。原詞「頷底」，臺語 tàn-té（文言讀音）。

卸煤斗——用於卸煤之大型斗狀設備。

風坑——臺語俗稱「管卸」，音 kuán-tàn。每條斜坑必須另開一條「風坑」伴隨。新鮮空氣由斜坑送進片道，一來可以降溫，二來可以輸送氧氣，再經風坑（管卸），最後至「上添片」排出。

風路——風路即空氣送進片道中流動行進的路徑，它可以由斜坑進入一片道，再沿採煤面進入二片道，最後經最末片道與管卸連通排出空氣。

挖掘仔（烏龜仔）——掘進工，礦工習慣用臺語稱之「挖掘仔」，臺語 óo-kút-á，由於音調好像臺語的「烏龜」，故常被誤叫「烏龜仔」。

挖掘尾（烏龜尾）——掘進工作業的「片道底」，由於位於挖掘處的尾端，也因此被稱作「挖掘尾」，臺語 óo-kút-bué，所以也被笑稱「烏龜尾」！

又：日語「奧部 okube」的諧音，指煤巷尾端。

時間車——接駁坑口至各片道口之礦車，因排有固定時間出入，故稱時間車。但實際上各礦場時間車之調度安排並不全然「定時」。

斜坑——有別於「平水坑」採水平方式開鑿，它是以具有「斜度」（一般在二十五度內）之方式開鑿坑道。斜坑之運輸乃用「捲揚機」捲拉台車進出。

連卸——臺語 liân-tàn，原詞「連頷」；又稱管卸、連風路，即「風坑」。

連風路——連風路又稱「連卸」，即最末連通「管卸」之風路。其實連風路即是管卸，也就是「風坑」。

捨石山——新挖煤礦與石碴混雜，經選洗場將兩者分離，廢棄雜石擇小山崙傾倒，傾倒處日久堆積成丘，即為捨石山。

捨石場——即捨石平台，傾倒石碴的地方。由於傾倒處平坦，上鋪鐵路，礦車沿鐵路把石碴推過來傾倒後，負責之女礦工將石堆耙平，再在上面繼續鋪鐵路，讓礦車把石碴再運過來。因為在鐵路尾端，故俗稱「路尾」。

捲揚機——俗稱「天車」；為利用一大型「捲筒」(drum) 盤捲鋼索，使鋼索通過遠端目的地之懸吊滑輪，以將物件吊起之起重機具。煤業上，常用於斜坑或捨石山，作為捲拉台車之動力裝置。

掘進——顧名思義，就是挖掘前進。在煤脈還未挖出前，掘進工先進煤巷底部，以電鑽頭 (壓頭，或叫鴨頭) 打洞、埋炸藥、爆破，鑽探敲挖，將外層的石壁移除，圖能發現煤面。

摒路尾——臺語 Piànn-lōo-bué，就是在「捨石場」從事倒石碴的工作。摒，臺語 piànn，捨棄之意。

摒石仔——同「摒路尾」。

番——班。

落磐——礦坑內岩磐崩塌，謂之落磐。臺語俗稱落研，音 lòh kám。

奧部——日語 okube，常簡稱「奧」(oku)，指煤巷尾端，這也是臺語俗稱「烏龜尾」諧音的由來之一。

路門——臺語 lōo-mn̂g，係臺灣礦工對「鐵道分岔處」之稱謂，當鐵道由單線轉轍分流成左右兩線時，該交接處所操作之機具，謂之。其中比較簡陋者，工人以腳踢撥改道；比較具規模者，則設「轉轍器」操控分流。工人常暱稱「轉轍器」為「土地公」。

頭手——礦工把「師傅」級之操作手稱為「頭手」，即領頭之第一把手。

篩仔——臺語 thai-á，乃選洗煤場用來篩選煤炭大小及品質之機器。有手動和自動兩種。

篩仔腳——臺語 thai-á-kha。就是「選洗煤場」篩仔下方輸送帶所在的位置，一群女礦工會站在輸送帶兩旁，將煤、石分類。因在篩仔下面，故稱篩仔腳。常被誤寫為：台仔腳、台阿腳、胎阿腳、苔仔腳，都是錯的。

鴨頭——臺語音：ah-thâu，即「氣動鑿岩機」的臺語別稱，它是一種以壓縮空氣為動力的衝擊式鑽孔機械。由於機具很重，一定師傅手握鑿岩機（即「鴨頭」），另助手扶著前端「鑽頭」（又稱「爆枝」），聯手鑽孔（拍孔）。在某些礦場，常稱手握「鴨頭」者為「鴨頭」，而手捧「爆枝」者謂之「鴨仔」（ah-á）。

翻車台——一種能將載滿煤炭或石碴之礦車以一八〇度翻轉，使車上煤或石傾卸至下方裝置或設備之機具。女礦工們將坑口直接推送過來裝滿粗煤的台車，推入「翻車台」（臺語俗稱「入笱」，音 lìp-kô）內，接著「翻車台」會如前述隨即自動一八〇度翻轉，就叫「翻笱」，臺語 píenn-kô。「笱」（kô）後訛音為 kaô。請參考「翻笱」一詞。

翻笱——常被誤寫為「翻猴」。由於翻車台的外型如臺灣早期竹製嬰兒搖籃，稱作搖笱（iô-kô，笱即竹簍或竹籃），故被礦工稱作「笱」；而翻車台傾倒即稱「翻笱」，臺語原音 píenn-kô。因為臺人把「搖笱」打翻就叫做「翻笱」，以此形容翻車台傾翻。在礦區因長期口誤，「笱」（kô）逐漸音變為 kaô（如「猴」音），以致爾後訛音變為常態音，「翻笱」便說成為 píenn-kaô，而翻車台被叫做 kaô。

爆枝——臺語 pòk-ki（文言讀音）或 pònn-kí（白話語音）。它是裝置於「氣動鑿岩機」（俗稱「鴨頭」）上的一種鑽桿，用在岩壁上鑽洞（拍孔）以便埋置炸藥（爆子）爆破岩磐。

爆子（籽）——臺語 pòk-tsí 或 pònn-tsí，即炸藥。

臺灣鑛業史編纂委員會，《臺灣鑛業史續二冊》，中華民國鑛業協進會，2000-05。

吳基福，《社會福利——我國疾病保險制度的檢討》，文星雜誌社，94 期，1965-08-01。

〈臺灣新竹縣嘉樂煤田地質 = Geology of the Chialo Coal Field, Sinchu, Taiwan〉，載《臺灣省地質調查所彙刊 ; 第 3 號》，臺北縣：臺灣省地質調查所，1951。

《新竹縣誌》，新竹縣文獻委員會，1976。

羅文君，《山地鄉的平地客家人—以新竹縣尖石鄉前山地區客家住民之經濟活動為核心之研究》，國立政治大學民族學系研究所碩士學位論文，2017- 06。

周政男 彙編，《新竹地區煤礦史論著彙編（上冊）》，新竹縣政府文化局，2017-08。

李建興，《治礦五十年》，民 57-3-15。

柯一青，《猴硐的礦業資產研究》，白象文化事業有限公司，2014-03。

張子文，《臺灣歷史人物小傳——明清暨日據時期》，國家圖書館，2003-12。

劉紹唐 主編，〈民國人物小傳（179）‧李建興〉，載《傳記文學》，332 期，1990-01-01。

唐羽，〈北臺人物傳——附碑傳資料〉，載《臺北文獻》，76 期，1986-06-02。

賀雯萱，《從生態博物館（Eco-museum）概念探討臺北縣平溪鄉菁桐村礦業景觀路徑經驗之展示架構》，中原大學室內設計研究所碩士論文，2004。

參考文獻（依書中出現順序排列）

朱健炫，《礦工謳歌》，臺北：中華新華書店有限公司，2019。

顏義芳，〈基隆顏家與臺灣礦業開發〉，載《臺灣文獻》，62 卷 4 期，臺北：國史館臺灣文獻館。

陳勤忠，《菁桐地區礦業建設與地方空間結構之研究》，臺北：臺灣科技大學工程技術研究所碩士論文，2001。

周政男 彙編，《新竹地區煤礦史論著彙編（下冊）》，新竹縣政府文化局，2017-08。

臺陽鑛業公司四十週年慶典籌備委員會編輯組，《臺陽鑛業公司四十年誌》，臺北：臺陽鑛業公司，1958。

臺陽鑛業公司六十週年慶典籌備委員會編輯組，《臺陽鑛業公司六十年誌》，臺北：臺陽鑛業公司，1978。

顏雲年，〈炭坑經營論〉，載《臺灣鑛業會報》，14 期，大正四年。

王志鴻，〈平溪鐵道史初探〉，載《北縣文化》，69 期。

安間留五郎 編輯，《臺灣鑛業會報》，105 期，臺灣鑛業會，大正十二年。

黃智偉，《臺陽公司志》，臺北：臺北縣文化局，2004。

陳慈玉，〈日治時期顏家的產業與婚姻網絡〉，載《臺灣文獻》，62 卷 4 期，臺北：國史館臺灣文獻館。

平溪鄉志編輯委員會，《平溪鄉誌》，平溪鄉公所，1997-11。

臺灣鑛業史編纂委員會，《臺灣鑛業史上冊》，中華民國鑛業協進會，1966-12。

張偉郎編，《2016 台煤采風 平溪》，尼歐森國際有限公司，2016-05-01。

林再生編撰，《平溪鄉煤礦史》，臺北縣：平溪鄉公所，2000-12。

李建和 發行，《海山煤礦公司概況》，海山煤礦股份有限公司，1968-07。

《建基煤礦股份有限公司 簡介》，建基煤礦股份有限公司，1984。

新北市政府社會局社會救助科：「海山、煤山及海山一坑礦災家屬救助服務計畫」，2016-05-16（網址：https://www.sw.ntpc.gov.tw/userfiles/1102300/files/ 新北市政府辦理海山、煤山及海山一坑礦災家屬救助服務計畫 .pdf）

「原住民族還我土地運動」，《臺灣大百科全書》，文化部，2021-06-12（網址：http://nrch.culture.tw/twpedia.aspx?id=100253）

施正鋒：「原住民族自治的探討」，淡江大學公共政策研究所（網址：https://mail.tku.edu.tw/cfshih/seminar/20071116/20071116.htm）

行政院原民會：「認識原住民族」，《臺灣原住民族資訊資源網》（網址：http://www.tipp.org.tw/aborigines_info.asp?A_ID=1&AC_No=3）

Vanessa Lai：「豐年祭就是跳舞、唱歌、小米酒喝到飽？」，MATA．TAIWAN —與世界，分享南島臺灣—，2017-08-05（網址：https://www.matataiwan.com/2017/08/05/amis-harvest-ceremony/）

原視新聞：「快樂山部落遭起訴 民盼政府給承租權」TITV，2017-04-25（網址 https://www.youtube.com/watch?v=VdyAaQ-WsBs）

謝佳君：「立委提案發老礦津貼／老礦工 盼領津貼過晚年」，自由時報，2011-04-24（網址：https://news.ltn.com.tw/news/politics/paper/486968）。

夏潮聯合會：「老礦工口述歷史 (7)，第四章 反抗的歷史—第二節 敬仁協助離職礦工塵肺症求償」（網址：http://chinatide.net/xiachao/page_415.htm）

葉德正、陳俊雄：「老礦工抱病養家 補助少得可憐」，中國時報，2014-06-16（網址：https://www.chinatimes.com/newspapers/20140616000389-260102?chdtv）

網路資料（依書中出現順序排列）

審計部新北審計處：「新北市政府社會局承接礦災捐款運用情形」，2017-01-23（網址：https://www.audit.gov.tw/p/405-1000-3979,c197.php?Lang=zh-tw）

謝佳君：「礦災過 30 年 政府代管捐款沒發完」，自由時報電子報，2012-04-28（網址：https://news.ltn.com.tw/news/local/paper/579601）

施協源：「離譜！海山礦災 28 年 億元善款未給」，TVBS 電子報，2012-08-30（網址：https://news.tvbs.com.tw/life/29331）

原視：「30 年前三度巨大礦災 勞工一頁傷痛史」，IPCF-TITV 原文會，2014-04-30（網址：https://youtu.be/A1r5usdJ6R4）。

夏潮聯合會：「老礦工口述歷史 (10)，第五章 老礦工口述訪談－第三節 女性礦工的訪談，（二）瑞三女礦工──謝水琴」（網址：http://chinatide.net/xiachao/page_422.htm）

夏潮聯合會：「老礦工口述歷史 (10)，第五章 老礦工口述訪談－第三節 女性礦工的訪談，（一）瑞三女礦工──呂太太」（網址：http://chinatide.net/xiachao/page_422.htm）

原民電視台：「三大礦災 28 年 災變家屬救助遭質疑」，晚間新聞，2012-09-11（網址：https://www.youtube.com/watch?v=ztC74ArOgcY）

張怡敏：「美援」，《臺灣大百科全書》，文化部，2009-09-24（網址：http://nrch.culture.tw/twpedia.aspx?id=3920）

審計部新北審計處：「新北市政府社會局承接礦災捐款運用情形未依公益勸募條例規定辦理公開徵信，經審計機關促請檢討改善，已公開支用明細資訊」，2017-01-23（網址：https://www.audit.gov.tw/p/405-1000-3979,c197.php?Lang=zh-tw）

國藝會二〇一九臺灣書寫專案
炭空：追尋記憶深處的煤鄉
團隊名單

主持者	朱健炫（紀實攝影者，耕莘專校講師）
榮譽顧問	吳念真（導演，作家，礦工子弟）
	翁庭華（攝影教學，資深攝影家）
	賴克富（前海山煤礦礦務所副所長）
諮詢顧問	陳方中院長（輔大文學院院長）
	陳識仁主任（前輔大歷史系系主任）
	王新衡副教授（雲林科技大學文資系副教授）
	戴伯芬教授（輔大社會系、所教授，礦工子女）
	張偉郎博士（煤業文史專家，《2016 台煤采風 平溪》著者）
	陳慶隆（前新北攝影學會理事長，攝影家）
	簡永彬（夏門攝影企畫研究室創辦人，攝影家）
	陳碧岩（臺灣影像紀實空間執行長，攝影家）
	龔俊逸（新平溪煤礦博物園區董事長）
顧問	周朝南（前瑞三煤礦安全監督，猴硐礦工文史館創辦人）
	羅隆盛（前海山煤礦礦務所襄理）
	陳志強（瑞芳老街促進會，龍山里長，文史工作者）
	林文清（瑞芳老街促進會，龍鎮里長，文史工作者）
	朱金妹（瑞芳區原住民副總頭目，前建基煤礦礦工）
	江一豪（律師，立委助理，三鶯自救會顧問）
特別助理	林鳳姿（文史工作者）
助理	郭玫淑（輔大中文系）
	彭妍晞（耕莘專校幼保科）
	沈育民（輔大歷史系）
訪談聯絡人	羅隆盛（前海山煤礦襄理）｜土城 海山
	林賢妹（前海山煤礦女礦工）｜三峽 頂埔 三鶯
	朱金妹（前建基煤礦女礦工）｜深澳 建基
	林文清 周朝南（瑞芳文史工作者）｜瑞芳 猴硐
	楊錦聰（平溪導覽協會，文史工作者）｜菁桐 平溪
	吳金池（台和煤礦礦工子弟）｜十分 東勢格 火燒寮

歷史與現場 330

炭空：追尋記憶深處的煤鄉

作　者—朱健炫
主　編—何秉修
特約編輯—Vincent Tsai
企　劃—陳玉笈
圖片提供—朱健炫、羅隆盛、周朝南、張偉郎、賴克富、高筱婷、吳金池、周韻文、阮紹強、龔俊逸、新平溪煤礦博物園區
封面設計—賴柏燁

總編輯—胡金倫
董事長—趙政岷
出版者—時報文化出版企業股份有限公司
一〇八〇一九台北市和平西路三段二四〇號七樓
發行專線—（〇二）二三〇六六八四二
讀者服務專線—〇八〇〇二三一七〇五
（〇二）二三〇四七一〇三
讀者服務傳真—（〇二）二三〇四六八五八
郵撥—一九三四四七二四時報文化出版公司
信箱—一〇八九九臺北華江橋郵局第九九信箱
時報悅讀網—http://www.readingtimes.com.tw
時報文化臉書—https://www.facebook.com/readingtimes.fans
法律顧問—理律法律事務所　陳長文律師、李念祖律師
印　刷—華展印刷有限公司
初版一刷—二〇二三年四月二十一日
定　價—新台幣五二〇元

時報文化出版公司成立於一九七五年，
並於一九九九年股票上櫃公開發行，二〇〇八年脫離中時集團非屬旺中，
以「尊重智慧與創意的文化事業」為信念。

炭空：追尋記憶深處的煤鄉 / 朱健炫著 . -- 初版 . -- 臺北市：時報文化出版企業股份有限公司, 2023.04
面；　公分 . -- (歷史與現場；330)
ISBN 978-626-353-144-4(平裝)

1.CST: 煤業 2.CST: 歷史 3.CST: 照片集 4.CST: 臺灣

486.4　　111017757

臺灣書寫專案
國藝會
金格企業有限公司
馥誠國際有限公司
ARTWAVE
TAIWAN INTERNATIONAL ARTS NETWORK

ISBN 978-626-353-144-4
Printed in Taiwan

書中影像若無註明來源，皆為作者所攝